青少年心理自助文库
励志丛书

# 希 望

## 向阳花木易为春

孟祥广/著

请将我们的祝福与关怀，
从四面八方汇聚在这里，在这本书里，
在这场为你而办的希望画展里……

中国出版集团  现代出版社

**图书在版编目（CIP）数据**

希望:向阳花木易为春 / 孟祥广著. —北京：现代出版社，2013.11
（2021.3 重印）

（青少年心理自助文库）

ISBN 978-7-5143-1957-6

Ⅰ．①希…　Ⅱ．①孟…　Ⅲ．①人生哲学 – 青年读物
②人生哲学 – 少年读物　Ⅳ．①B821 – 49

中国版本图书馆 CIP 数据核字（2013）第 276334 号

| | |
|---|---|
| **作　　者** | 孟祥广 |
| **责任编辑** | 张红红 |
| **出版发行** | 现代出版社 |
| **通讯地址** | 北京市安定门外安华里 504 号 |
| **邮政编码** | 100011 |
| **电　　话** | 010 – 64267325 64245264（传真） |
| **网　　址** | www.1980xd.com |
| **电子邮箱** | xiandai@cnpitc.com.cn |
| **印　　刷** | 河北飞鸿印刷有限责任公司 |
| **开　　本** | 710mm×1000mm　1/16 |
| **印　　张** | 12 |
| **版　　次** | 2013 年 11 月第 1 版　2021 年 3 月第 3 次印刷 |
| **书　　号** | ISBN 978-7-5143-1957-6 |
| **定　　价** | 39.80 元 |

# P 前言
## PREFACE

　　为什么当今的青少年拥有丰富的物质生活却依然不感到幸福、不感到快乐？怎样才能彻底摆脱日复一日地身心疲惫？怎样才能活得更真实更快乐？越是在喧嚣和困惑的环境中无所适从，我们越觉得快乐和宁静是何等的难能可贵。其实"心安处即自由乡"，善于调节内心是一种拯救自我的能力。当我们能够对自我有清醒的认识，对他人能宽容友善，对生活无限热爱的时候，一个拥有强大的心灵力量的你将会更加自信而乐观地面对一切。

　　青少年是国家的未来和希望。对于青少年的心理健康教育，直接关系到其未来能否健康成长，承担建设和谐社会的重任。作为学校、社会、家庭，不仅要重视文化专业知识的教育，还要注重培养青少年健康的心态和良好的心理素质，从改进教育方法上来真正关心、爱护和尊重青少年。如何正确引导青少年走向健康的心理状态，是家庭，学校和社会的共同责任。心理自助能够帮助青少年解决心理问题、获得自我成长，最重要之处在于它能够激发青少年自觉进行自我探索的精神取向。自我探索是对自身的心理状态、思维方式、情绪反应和性格能力等方面的深入觉察。很多科学研究发现，这种觉察和了解本身对于心理问题就具有治疗的作用。此外，通过自我探索，青少年能够看到自己的问题所在，明确在哪些方面需要改善，从而"对症下药"。

　　如果说血脉是人的生理生命支持系统的话，那么人脉则是人的社会生命支持系统。常言道"一个篱笆三个桩，一个好汉三个帮"，"一人成木，二人成林，三人成森林"，都是这样说，要想做成大事，必定要有做成大事的人脉

1

前

言

网络和人脉支持系统。我们的祖先创造了"人"这个字,可以说是世界上最伟大的发明,是对人类最杰出的贡献。一撇一捺两个独立的个体,相互支撑、相互依存、相互帮助,构成了一个大写的"人","人"字的象形构成,完美地诠释了人的生命意义所在。

人在这个社会上都具有社会性和群体性,"物以类聚,人以群分"就是最好的诠释。每个人都生活在这个世界上,没有人能够独立于世界之外,因此,人自打生下来,身后就有着一张无形的,属于自己的人脉关系网,而随着年龄的增长,这张网也不断地变化着,并且时时刻刻都在发生着变化:一出生,我们身边有亲戚,这就有了家族里面的关系网;一上学,学校里面的纯洁友情,师生情,这样也有了师生之间的关系;参加工作了,有了同事,有了老板,这样也就有产生了单位里的人际关系;除了这些关系之外,还有很多关系:社会上的朋友,一起合作的伙伴……

很多人很多时候觉得自己身边没有朋友,觉得自己势单力薄,还有在最需要帮助的时候,孤立无援,身边没有得力的朋友来搭救自己。这就是没有好好地利用身边的人脉关系。只要你学会了怎么去处理身边的人脉关系,你就会如鱼得水,活得潇洒。

本丛书从心理问题的普遍性着手,分别论述了性格、情绪、压力、意志、人际交往、异常行为等方面容易出现的一些心理问题,并提出了具体实用的应对策略,以帮助青少年读者驱散心灵阴霾,科学调适身心,实现心理自助。

本丛书是你化解烦恼的心灵修养课,可以给你增加快乐的心理自助术。会让你认识到:掌控心理,方能掌控世界;改变自己,才能改变一切。只有实现积极的心理自助,才能收获快乐的人生。

# C目录
# ONTENTS

希望——向阳花木易为春

2

# 第六篇　在绝望中寻找希望

3

目

录

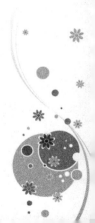

# 第一篇　希望就在前面

希望就在前面,成功就在隔壁。挺起长喙,啄破一层薄薄的壳,雏鹰就将见到蔚蓝的天。鼓足勇气,坚定信念,积聚所有的力量,发起最后的冲刺,你就会首先登顶,从而一览众山,你就会率先撞线,从而傲视群雄。最后的关头,向前走,莫迟疑!

人的一生是由一连串的细节和琐碎的小事情组成,也可能很平庸,也可能很伟大,其关键则是对待这些小事的态度和处理方法。一切有过惊天动地作为的人士都是依赖于对小事情的关注而获得成功的,正如英国作家狄更斯所说:"天才就是注意细节的人"。

# 成功的希望

"慎易以避难,敬细以远大","图大者,当谨于微"。不欺小节,拧紧人生的每个螺栓,才能驶向成功与辉煌。

为了准备人类第一次载人太空飞行,苏联宇航局从 1960 年 3 月开始招募宇航员。这期间训练了至少 20 名宇航员,最终选中了加加林。原因是他有典型的俄罗斯人面孔和俄罗斯人血统,但起决定作用的是在确定人选几周前的一个偶然事件。在尚未竣工的东方号宇宙飞船陈列厂内,受训的宇航员第一次看到它,主设计师科罗廖夫问谁愿意试坐,加加林报了名。在进入飞船前,加加林脱下了鞋子,只穿袜子进入还没有舱门的座舱,这一下子就赢得了科罗廖夫的好感。他发现这名 27 岁的青年人如此规矩,又如此珍爱他为之倾注心血的飞船,于是决定让加加林执行这次飞行。

加加林脱鞋进舱这个细小的动作,赢得了"一步登天"的机遇,这也反映了加加林严于律己、洁身自爱、尊重他人的优秀品质。

**人的一生是由一连串的细节和琐碎的小事情组成,也可能很平庸,也可能很伟大,其关键则是对待这些小事的态度和处理方法**。一切有过惊天动地作为的人士都是依赖于对小事情的关注而获得成功的,正如英国作家狄更斯所说:"天才就是注意细节的人"。而不少人碌碌无为,甚至声名狼藉,一败涂地,均在于恣意妄为,不拘小节。

我国的一位德国留学生,毕业时成绩优异,他试图在当地寻找工作。他向许多跨国公司投了自己的资料,因为他知道这些公司都在积极地开发亚太市场,可都被拒绝了。他最后选了一家小公司去求职,没想到仍被拒绝。他有点怒不可遏。德国人给留学生看了一份记录，记录他乘坐公共汽车曾被抓住过 3 次逃票。德国抽查逃票一般被查到的概率是万分之三，这位高才生居然被抓住 3 次逃票，在以认真、严谨著称的德国人看来，是不可饶恕的。

这位留学生在车票这件小事上自欺欺人，失去诚信，最终咎由自取，无立锥之地。

麦克道尔是个电码速记员。他做这个工作时，并不是随意简单地编几张纸片，而是把它们编成了一本小小的书，并且用打字机清楚地打出来，然后用胶装订得好好的。做好之后，麦克道尔把它交给那个书记，那个书记便把电码本交给阿穆耳先生。

过了几天，麦克道尔便坐在前面办公室的一张写字台前；再过些时候，他便顶替了以前那个书记的位置。不久，他又成了主管。

因为热爱自己的工作，尽心尽职，不遗余力，所以麦克道尔便芝麻开花节节高。

这里有一个看马的孩子，在马棚里喂养马匹，清洗马具，做些零星的杂活。虽然他的工作并没有什么了不起，而且又是那么单调、枯燥无味，但是他却非常快乐。很多时候，他都是一边忙着手头的工作，一边快乐地哼着小曲。有一次他又在干活的时候，引吭高歌，歌声传到了"钢铁大王"卡内基的耳朵里去了——卡内基正坐在附近的一个回廊上。孩子哼的这首歌他也很喜欢，而且他更喜欢唱这歌的孩子在工作时如此热情快乐的劲头。

**一个人能像对待自己的恋人一样充满激情地对待工作，如痴如醉，倾心尽力，并把它唱成一首歌，就一定会受到幸运女神的垂青，这也是杰出人士成功的秘密。**

一个小女孩 4 岁时，她的家从外地搬到芝加哥郊区的帕克里奇居住。来到这里后，热衷于交朋友的小女孩急于和周围的小朋友打成一片。但事与愿违，邻居的孩子们很排外，其中一个专爱欺负人的大女孩总是对她呼来唤去的，母亲知道后观察了很久。当小女孩又一次哭着回家时，母亲在门口挡住了她的去路,大声地对她说:"这个家里没有胆小鬼的位置"。虽然小女孩当时吓坏了,但母亲还是教她下次要大胆反击。不久,小女孩又碰到了那个横行霸道的女孩。这回,小女孩当着几个男孩子的面打了她一记耳光。事后,她跑到母亲面前,骄傲地宣称"现在我可以和男孩子们一起玩了"。

从孩提时起,母亲就经常问她:"你是想成为生活中的主导者,还是一个次要人物,只是去说别人认为你该说的话、做别人认为你该做的事?"而父亲主要是谈论她自身的问题,他常常问她应该如何把自己从这些问题中"挖"出来。这总是会让女孩想起"铁锹"。

而且,母亲总是教导女孩为自己制定远大的目标,并建议她可以尝试成为美国第一位最高法院女法官。不过,女孩更希望自己成为一名宇航员。1961 年,14 岁时她就给美国航空航天局写信主动请缨,结果对方只是一句简单的回复——"本国航空项目概不招募女性"。母亲还希望,无论在多混乱的情况下,都能保持平和的心态。为了清楚阐明她的观点,她向女孩演示了木工水平仪里的气泡是如何移动到正中央的。"想象自己体内就安装着一个水平仪,然后努力让这个气泡停留在正中央。有时它会向上移到那个位置……"母亲一边说,一边倾斜水平仪,让气泡偏离原来的位置,"这时,你就得想办法让它回到原来的位置。"说着,她又将水平仪恢复水平。

这个女孩就是曾任美国国务卿的希拉里·克林顿。正是父母特别是母亲的谆谆教导,使希拉里有坚定的志向,并大胆地追求心中的目标。她从小就对各种领导职位表现出极大兴趣,是学校和社团中的活跃分子。1969 年,希拉里成为第一个在韦尔斯利学院毕业典礼上发表演讲的学生,而她富有争议的演讲也引起了全国的注意。

成年后,希拉里进入美国著名的罗斯律师事务所工作,并曾两次当选全美百名杰出律师。希拉里心目中的英雄之一是当时的缅因州参议员玛格丽特,后来她自己成为第一位曾先后当选为参众两院议员的女性,也是第一位进入主要党派(民主党)总统候选人提名程序的女性。2007 年 1

月20日希拉里在其个人网站上宣布参加2008年美国总统大选,声称"我来了,为胜利而来。"2008年1月8日,希拉里在新罕布什尔州总统预选中获胜,庆祝胜利时希拉里说:"我已经做好准备,迎接下面的选举。我已经准备好领导美国。"在2008年美国总统民主党党内预选期间,希拉里作为强有力的竞争对手曾一度领先奥巴马,虽然她最终以失利告终,但正是因为她壮心不已,不屈不挠,志在问鼎,才使对手奥巴马不敢轻慢。奥巴马2008年11月4日当选总统后,于2008年12月1日正式提名希拉里为本届国务卿。2009年1月21日,希拉里·克林顿在美国首都华盛顿宣誓就任美国国务卿,坐上了国务卿的宝座,从而二进白宫。

希拉里,怀揣一颗勇敢的心,一往无前,矢志不渝,终于创造了人生的奇迹。

心灵悄悄话
XIN LING QIAO QIAO HUA

一个人能像对待自己的恋人一样充满激情地对待工作,如痴如醉,倾心尽力,并把它唱成一首歌,就一定会受到幸运女神的垂青,这也是杰出人士成功的秘密。

# 脚踏希望，一步"登天"

2008年9月25日21时10分，中国"神舟"七号载人航天飞船载着翟志刚、刘伯明、景海鹏三名宇航员成功发射升空。9月27日16时39分，航天员翟志刚打开轨道舱，首次出舱成功太空漫步，中国航天史上的又一个新的伟大的里程碑就此诞生。翟志刚也因此获得了"航天英雄"的光荣称号。

翟志刚于1966年10月10日出生在黑龙江省齐齐哈尔市龙江县的一个小乡村。父亲长年卧病在床，一个大家庭全靠母亲支撑。

小的时候，翟志刚家里生活非常困难，但目不识丁的母亲对子女上学却毫不含糊。她说："咱翟家砸锅卖铁也要供几个孩子读书。"年近六旬的母亲，靠卖炒瓜子供志刚读完小学和初中。每天起早贪黑到街上卖炒瓜子，风里来雨里去。

每天晚上回来，母亲用她粗糙而又裂着口子的双手将一张张发皱的角票分币点将平整。这场景让志刚感情上再也忍受不了，他含着热泪对母亲说不想继续念书了，他要帮母亲支撑起这个家。谁知当他把想法说出后，一向慈祥的母亲发了火。

母亲流着泪对翟志刚说："妈不识字，也不会讲什么大道理，但我认准一个理，你这个书必须念下去！"

翟志刚考上空军飞行学院，母亲比他还激动。临走的前一天，母亲从贴身的小包里掏出一张带着体温的5元钱，硬塞到儿子手里。翟志刚忍不住心酸，搂住白发苍苍的母亲哭了……在母亲殷切的目光注视下，翟志刚一步步成长起来。先后任飞行中队长、飞行教员。1995年5月的一天,翟志刚参加飞行训练。忽然,一股强劲的气流卷起沙尘暴向机场袭来。当时,他正在返航途中,目视已看不清地面,风速10米以上,他驾驶战机完全凭仪表安然着陆。作为刚参加飞行训练不久的一名新手,所表现出来的处变不惊的良好心理素质和飞行技术,为翟志刚最终人选中国宇航员奠定了重要基础。

翟志刚以其优秀的训练成绩和综合素质,被选人3人首飞梯队。2003年10月15日,当"神舟"五号飞船载着战友杨利伟飞向太空,作为梯队成员的翟志刚激动得热泪盈眶。

2004年11月20日,"神五"成功飞行后1年零1个月,最疼爱翟志刚也最让翟志刚牵挂的母亲去世了。翟志刚因为任务在身,没有见到母亲最后一面。当他赶回家时,面对母亲的墓碑,这位刚强的东北汉子泪流满面。

翟志刚是"神六"航天员乘组梯队成员之一。与"神五"发射时一样,他又一次与远征太空失之交臂。但在训练过程中,翟志刚为了方便同伴出舱,主动让同伴踩着自己的背,这一幕感动了在场的所有教员。"谁飞都一样,都是代表祖国。"翟志刚平静地说。2005年10月12日,"神六"发射前,翟志刚热烈地与聂海胜、费俊龙二人拥抱,真诚地祝贺他们取得成功。他陪护着战友走向铺满鲜花的红地毯,帅气的脸上满是灿烂的笑容。

翟志刚第三次入选梯队,这样的"资历"是14名航天员中唯一的一个。"就是再'备份'一次,也一样光荣。"翟志刚说,"就是备份,要求也很高,必须从思想上、心理上、技术上时时都要做好准备。"出舱活动,对谁都是全新的,翟志刚常常在心里进行演练,一个个细节在翟志刚的脑海里一遍遍浮现。

一次次突破自己的极限,翟志刚终于登上飞向太空的"神舟",并实现中国人迈入太空的历史性一步。距翟志刚19岁考上飞行员至今已经整整23个年头。不弃不离,坚毅执着,他牢记母亲的期冀,背负人民的重托,脚踏希望,终于"一步登天",为祖国赢得了荣誉,也创造了人生的辉煌。

他是一个在贵州偏远山区的插队知青。1969年的一天,他听说省城有记者要来当地采访知青生活。他觉得机会来了。他要干一件事,一件使他这个永无出头之日的"黑五类"(当时所谓的"地、富、反、坏、右")能在全公社400多名知青中引人注目的大事。于是他拿出自己仅有的10元钱,到供销社买了一桶红漆,在深山密林中,把一根绳子系在腰间,小心翼翼地爬到路边一处醒目的悬崖峭壁上,写下5个鲜红的大字:毛主席万岁!当他冒着生命危险将这几个字写好时,恰好被路过此地的省城记者看到,于是他的名字和照片上了报纸,于是他出名了。从此,他成了当地的著名人物,并成为全公社唯一加入农宣队进驻学校的下乡知青。如今,他已是拥有10亿资产的福海实业股份有限公司董事长,他的名字叫罗忠福。

谈到当年那幼稚的举动时,他仍带有一丝狡黠和得意。

**成功的奥秘其实并不深奥,就是在适当的时候,亮出你自己。**

许多年前的一天,伦敦的一个游戏场内正在进行着一场演出。突然,台上的演员刚唱两句就唱不出来了。台下乱成一锅粥。许多观众一哄而起,吵着要退票。剧场老板一看势头不好,只好找人救场。谁知找了一圈,也找不到合适的人。这时,一个5岁的小男孩站了出来:"老板,让我试试,行吗?"结果,他在台上又唱又跳,把观众逗得特别高兴;歌唱了一半,好多观众便向台上扔硬币,小家伙一边滑稽地捡钱,一边唱得更起劲了,唱了好几首歌。

又过了好几年,德国著名的丑角明星马塞林来到一个儿童剧团和大家同台演出。

当时马塞林的节目中需要一个演员演一只猫。由于马塞林名气太大,许多优秀演员都不敢接受这个角色,还是那个小男孩又自告奋勇地站了出来,大家都为他捏一把汗,谁知他和马塞林配合得非常默契。

这个小男孩,就是后来名扬世界的幽默大师卓别林!

其实,人生就是一个舞台。我们总是渴望有一个展示才华的机会,早日实现自己的梦想。然而，当机会来临时，我们常常会瞻前顾后，犹豫不决，踌躇不前，以至于错过了一个又一个实现梦想的机会。有时，可能我们什么都不缺，唯独缺少的是在机会面前大胆地喊一声："让我试试"的勇气。

**心灵悄悄话**
XIN LING QIAO QIAO HUA

　　面对机会，勇于尝试；抓住机会，要靠勇气。只有这样，才能攀上成功的天堂。否则，只能匍匐在失败的地狱。

# 全力以赴，才有希望

全力以赴是一种奋力向前的精神，全力以赴是一种坚忍不拔的信念，全力以赴是一种舍我其谁的品格，全力以赴也是一个人左右逢源、功成名就的可靠保障。让我们全力以赴！

钟豪先生在保险公司做普通销售员的时候，遭受无数的冷眼拒绝，曾经整整3个月，一个单也没签到。到第4个月的某一天，钟先生在去约见客户的路上，突然天上下起了瓢泼大雨，他被浇得浑身透湿。他停在原地，真的是没有信心再去找客户了。于是他往回走，走了100米，停下来心想，再试一次吧，没试总归不知道结果。于是又接着往前走，走到客户公司门口，看看淋成了落汤鸡似的自己，实在不好意思迈进客户的门，但又不甘心就这样回去，于是硬着头皮走进了客户的办公室。结果，客户被他的诚意所感动，一下子买了3万元的保险，钟先生终于签到了他所在部门组建以来的第一单，永生难忘。

以后9年来，钟先生做过公司普通的销售员，后来负责过房地产开发经营，再到公司投资的体育用品市场做总经理，现在做公司投资的客户总监，他在这家公司的工作涉及至少4个领域。工作以来公司的所有新辟业务、冲锋陷阵的"先头部队"里都一定有他，所有的苦和累他都经历过，钟先生当时很多次都想放弃。钟先生说，真的很感激那些"苦难"，这些经历今天想起来，还是感到很欣慰的。因为钟先生依靠自己积极认真的态度、全力以赴的精神，获得了大家的赞赏，取得了不俗的业绩。

一个出身贫困的美国黑人，年轻时胸怀大志，为帮衬家计，凭借自己壮硕的身体，从事各种繁重的工作。有年夏天，他在一家汽水厂当杂工，除了洗瓶子外,老板还要他擦地板、搞清洁等,他毫无怨言地认真去干。一次,有人在搬运产品中打碎了 50 瓶汽水,弄得车间一地玻璃碎片和团团泡沫。按常规,这是要弄翻产品的工人清理打扫的。老板为了节省人工,要干活麻利爽快的黑小伙去打扫。当时他有点气恼,欲发脾气不干,但一想,自己是厂里的清洁杂工,这也是分内的活儿。于是,他尽力把满地狼藉的脏物打扫得干干净净。过了两天,厂负责人通知他:他晋升为装瓶部主管。自此,他记住了一条真理:凡事悉力以赴,总会有人注意到自己的。他就是鲍威尔。

全力以赴使一个黑人走进了白宫,走进了美国最高权力核心。郑板桥诗云:"立根原在破岩中,咬定青山不放松。"

杜甫在《望岳》诗中曰:会当凌绝顶,一览众山小。一个人只有奋力攀缘,登上最高峰,才能独占鳌头、"超凡脱俗"而雄视天下。

1997 年 8 月,海尔的魏小娥被派往日本,学习掌握世界上最先进的整体卫浴生产技术。在日本学习期间,魏小娥注意到,日本人试模期废品率一般都在 30%—60% ,设备调试正常后,废品率为 2% 。"为什么不把合格率提高到 100%?魏小娥问日本的技术人员。"100% 你觉得可能吗?"日本人反问道。在对话中,魏小娥意识到,不是日本人能力不行,而是思想上的栏杆使他们停滞于 2% 。作为一个海尔人,魏小娥的标准是 100% ,即"要么不干,要干就要干第一"。她拼命地利用每一分每一秒的学习时间,3 周后,她带着先进的技术和赶超日本人的信念回到了海尔。

时隔半年,日本模具专家宫川先生来华访问见到了"徒弟"魏小娥,她此时已是卫浴分厂的厂长。面对一尘不染的生产现场、操作熟练的员工和 100% 合格的产品,他惊呆了,反过来向徒弟询问问题:"有几个问题曾使我绞尽脑汁地想办法解决,但最终没有成功。""我们卫浴产品的现场脏乱不堪,为此我们一直想做得更好一些,但难度太大了。你们是怎样做到现场清洁的? 100% 的合格率是我们连想都不敢想的。对我们来说,2% 的废品率、5% 的不良品率天经地义,你们又是怎样提高产品合格率的呢?""用心。"魏小娥简单地回答又让宫川先生大吃一惊。

其实，魏小娥也不是轻而易举地就取得成功的。单说处理产品"毛边"就是个令人心里发毛的难题。那天她回家已经万家灯火了，吃着饭的魏小娥仍然在想着怎样解决"毛边"的问题。突然，她眼睛一亮：女儿正在用卷笔刀削铅笔，铅笔的粉末都落在一个小盒内。魏小娥豁然开朗，顾不上吃饭，在灯下画起了图纸。第二天，一个专门收集毛边的"废料盒"诞生了，压出板材后清理下来的毛边直接落入盒内，避免了落在工作现场或原料上，也就有效地解决了板材的污染问题。2%的责任得到了100%的落实，2%的可能被一一杜绝。终于100%，这个被日本人认为是"不可能"的产品合格率，魏小娥做到了，不管是在试模期间，还是设备调试正常后。1998年4月，海尔在全集团范围内掀起了向魏小娥学习的活动，学习她"认真解决每一个问题的精神"。

工作有难有易，标准有高有低。不少人出于一种得过且过、不思进取的惰性，拈轻怕重，降格以求，结果差强人意，表现每况愈下，很难有大的建树。

心灵悄悄话
XIN LING QIAO QIAO HUA

高度产生难度，无疑难度也决定高度。所以，迎难而"上"，对单位、对老板，是求之不得，对自己、对将来，实乃是晋身之阶。

第一篇　希望就在前面

# 感谢你的对手

别看明星们现在大红大紫、星光灿烂、风光无限,殊不知他们之中的很多人都有过凄苦的童年、暗淡的往昔,其中自有一番辛酸。

送货小弟周润发的祖籍是广东省宝安县,1955 年 5 月 18 日出生在香港外海一个名叫南丫的小岛上。他的家庭是以务农为生,10 岁时才搬到香港。因家境贫寒他 17 岁便辍学,曾做过送货小弟、推销员、邮差、计程车司机等。尽管他工作积极勤勉,但即便如此难免受客人奚落白眼,小小年纪就历尽人世沧桑。18 岁时他成为无线艺员,但刚开始他只获得分派到一些跑龙套的小角色。

点心妹张柏芝来自一个破碎的家庭,她的父母很早就离婚了。因为母亲 3 次改嫁,她与弟弟是同母异父所生,所以张柏芝从小就习惯了四处流浪的生活,而老爸的黑道背景,更让她的成长历程受尽折磨。13 岁的时候她随母亲到澳洲,因为家里不提供她的生活费,所以张柏芝只好半工半读,一天兼两份差,早上在马来餐厅打工,晚上就到酒楼当点心妹,这样的苦日子持续了好几年。

快递员朱孝天由于父母离异,加上母亲身体不好,导致家境艰难,朱孝天小小年纪就要负担家里的生活费用。他一边打工一边上学,做过快递员、服务生等诸多工作,有时每天都要打 3 份工。长期劳累,自然让在正值发育时期的朱孝天难以承受,因此他很小就得了哮喘病和忧郁症,至今未能痊愈。

售货员梁朝伟原籍广东台山,生于香港。自小父母离异,家境贫寒,没钱时全家只吃酱油拌饭。中学毕业后成绩很好也没钱念书,15 岁辍学,曾先后当过报童、会计,卖过电器。后在好友周星驰的介绍下,1982年进无线电视艺员训练班,1983年结业后成为无线艺员。

煤气工李宗盛李宗盛的家里是开煤气行的,在还是"木吉他"成员时期,他就常常帮家里送煤气。退伍后的李宗盛还想唱歌、做音乐,却苦于没有门路,又不想一直待在家里送煤气,于是就在朋友的介绍下,跑到一家知名粉丝厂做业务员,卖粉丝。

搬尸工何家劲初中毕业后,吵闹多年的父母终于离婚,给家庭经济带来了很大困难。为此,他只身前往英国诺城攻读广告设计。为了赚取学费,一开始,他在一家雪糕店打工,洗碗、跑堂、制雪糕。由于学费太过昂贵,何家劲不得不再加了第二份工作,在医院将死尸搬进冷藏柜!那是怎样的一种心惊肉跳啊?若是常人恐怕连看一眼尸体的勇气都没有。

青涩村姑张惠妹出生于1972年8月9日,为台东农民,属于卑南人。她共有3个哥哥、3个姐姐、2个妹妹。20岁之前,她都待在家乡的山里,她至今最喜爱的活动仍是打猎,最喜爱的动物还是土狗。1992年参加台视五等奖歌唱比赛,从而得以步入歌坛。

新加坡歌手阿杜没走上歌坛前,是建筑工地的监工,每天就跟建筑工人混在一起。直到有一天,阿杜陪同朋友去参加一个3000多人报名的试音比赛,意外受到评审的肯定与青睐,立刻与他签约为培训的歌手,这才改变了他的命运,阿杜从此步入歌坛。正因为阿杜平民化的出身,加上歌声的充沛感情,使他特别受欢迎。

洗头仔刘德华出生于香港大埔泰亨村,华仔的爷爷专门出租田地及房屋,但刘德华的爸爸刘礼因为想自立门户及想让子女接受英文教育,于是举家搬到钻石山,离开农村时刘德华才6岁。他们搬到钻石山后开了家杂货店,华仔放学还要帮忙干活,负责洗碗及到公共水龙头排队等水。华仔当初进入社会的第一份工作是在美容院当洗头小弟,当年被刘德华服务过的人中,有很多都是大明星,比如曾志伟、谭咏麟、汤镇业,虽然这份工作时间不长。

学生时期的孙楠囊中羞涩,为了多攒一点零用钱,就到建筑工地帮人

推砖,几天下来居然挣了200多块钱,算是勤工俭学的模范。孙楠的第一份正式工作是"司炉212",也就是锅炉工,后来孙楠到铅笔厂给铅笔刷油漆,成名之前的孙楠可是真正的工人阶级!

全能打工仔王杰做歌手前,曾做过茶楼小伙计。之后,王杰去做油漆工,每天爬到20多层楼做"蜘蛛侠"。不过,他更喜欢的工作还是的士司机,尤其喜欢开夜班,每晚在酒廊门口等,因为酒廊小姐每次都会给他很多小费,倒不是格外看重他,而是喝醉了,当然就给错了。

很多人只知道郭富城是电视台伴舞出身,殊不知在还未伴舞前,郭富城曾做过冷气工人,每天搬着笨重的冷气,在大楼上上下下,因为干的是体力活,让城城身材练得比一般人健美,看来城城的成功,还得归功于早年这段经历。

货真价实古惑仔古天乐在影坛走红不是以古惑仔系列电影打开知名度,不过现实生活中,出道前他可是货真价实的香港古惑仔,俗称的"小混混"。他整天游手好闲没事干,还曾经一度进入少年感化院受辅导,和古天乐现今那充满正义感的银幕形象相去甚远,实在让人无法想象。

**"英雄不问出处"。明星并不是打娘胎出来就成为明星的,其实许多明星成名前,他们也和你我一样,都是极其平凡的普通人,都在从事平凡甚至琐碎而又繁重的工作。**而且他们当中的不少人来自单亲家庭,没有欢乐的童年,他们在更敏感、更叛逆的同时,也更坚强、更努力,并凭借这些特质在演艺圈内显露头角,进而飞黄腾达。他们的经历向我们昭示:人生在于打拼,命运全靠奋斗。

鸿池是日本的小酿酒商,本小利微,惨淡经营。一天,他视察时发现一个工人正在偷喝米酒,便责骂了这个工人,还要扣罚半个月工钱。但这个工人不但不认错,还辩解说是试尝新酒的滋味,所以老板不应罚扣他的工钱。鸿池便开除了这个工人。这个工人心中十分恼怒,临走前,抓了一大把炉灰偷偷地撒进米酒桶中,然后便离开了酒坊。他想,这样一来,本来有些混浊的酒,就会更加混浊不堪。

但是,事情却出乎意料。隔天鸿池发现酒桶里的酒变得前所未有的清澈,原来是炉灰起了作用。那些沉淀物的酒层,变得非常澄清透明。他知道这一定是离职工人干的"好事"。当时,对于工人蓄意报复的恼怒全抛到了九霄云外。据此,他通过研究和实验,终于得出了一套高效实用的浊酒清化法,他将这种新酒命名为"日本清酒",还推出了"喝杯清酒,交个朋友"的广告,最后十分畅销,成了日本宴客时必备的佳品。

感谢你的对手,甚至你的仇人。睁大眼睛看世界,风物长宜放眼量。不要为了一些小事而大动肝火,而是要静下心来,因势利导,就会展现另一番风景,成就一番伟业。

不要去感慨、惧怕对手,要敢于竞争,敢于胜利。棋逢对手,木遇良材。互为因果,相反相成。对手越强大,证明自己越杰出。一个群体,如果没有对手,就会因为相互依赖和潜移默化,如死水一潭,就会"波澜不惊"失去活力,丧失生机。

## 心灵悄悄话
### XIN LING QIAO QIAO HUA

一个人如果长期没有竞争对手,就会缺乏新鲜感,缺少危机感,就会养成惰性,失去锐气,萎靡不振,不思进取,就会"独孤求败",碌碌无为,平庸一生。

第一篇　希望就在前面

# 微笑的魅力

真诚的微笑会使人解除心灵上的戒备,拉近人与人的距离,实现美丽而优雅的征服,从而让你事半功倍。

一个夏天,在希腊首都雅典老城区帕拉卡,由于白天气温太高,夜幕降临后,许多游客才出来活动,此时是帕拉卡最热闹的时候。这时有位边抽烟边在门口招揽顾客的旅游商品商店老板,看见一群游客走过来,情急中想扔掉烟蒂去招呼客人,没想到烟蒂不偏不倚正好扔到旁边一位小伙子的手臂上。小伙子的皮肤顿时被烫出个大水泡,疼得他直跺脚。这时老板见状忙吐出一连串的"对不起",之后又送给小伙子一个无比灿烂的希腊式笑容。他边笑边背诵起古希腊哲学家苏格拉底的语录:"在这个世界上,除了阳光、空气、水和笑容,我们还需要什么呢?"小伙子不知道这句话是不是苏格拉底说的,只是觉得手臂上的疼痛和心里的窝囊气被眼前的笑容化解了,于是他也笑着走进老板的商店,买了不少漂亮的明信片。

这就是微笑的魅力。

方菲新任一家广告公司的办公室主任,她的职务兼行政管理、内勤管理、人事管理三大职能,工作的繁忙和细琐程度自不用说。方菲的前任无论从学历、经验还是从工作态度和魄力上来讲都不比她差,甚至有些方面还超过方菲,但最终工作做了不少,却得不到同事和上司的认可,大家都觉得她很傲慢,最后被迫离职。总结前任失败的教训,方菲得出一个结论,那就是无论工作有多累多忙,都要保持一张笑脸。

美国旅馆业巨头康拉德·希尔顿,当他的资产从几千美元奇迹般地增值到几千万美元时,他曾欣喜而自豪地把这一成就告诉了母亲。然而,母亲却淡然地对他说:"依我看,你跟从前根本没有什么两样……你必须把握更重要的东西:除了对顾客诚实之外,还要想办法使来希尔顿酒店住过的人还想再来住。你要想出一种简单、容易、不花本钱而行之久远的办法去吸引顾客,这样你的酒店才有前途。"后来希尔顿终于找到了答案——微笑服务。希尔顿要求每个员工不论如何辛苦,都要对顾客投以微笑,即使在酒店业务受到经济萧条的严重影响时,他也经常提醒职工记住:"万万不可把我们心里的愁云摆在脸上,无论酒店本身遭受的困难如何,希尔顿酒店服务员脸上的微笑永远是属于旅客的阳光。"因此,在经济危机中纷纷倒闭后幸存的20%旅馆中,只有希尔顿酒店服务员的脸上带着微笑。结果,经济萧条刚过,希尔顿酒店就率先进入新的繁荣时期,跨入了黄金时代。

全球零售业霸主沃尔玛有个"3米微笑原则",它是由沃尔玛百货有限公司的创始人山姆·沃尔顿先生传下来的。山姆有句名言:"请对顾客露出你的8颗牙。"在山姆看来,只有微笑到露出8颗牙的程度,才称得上是合格的"微笑服务"。沃尔玛能够成为零售业的巨无霸,不仅与其低价策略有关,也与其一以贯之的服务水准有关。从这个意义上讲,其微笑背后的优质服务才是沃尔玛真正的竞争力。

**微笑具有震撼人心的力量。微笑是一种气质、一种风度、一种本领。**微笑是人类最好看的表情,微笑是一种世界语,是沟通人际关系的法宝。

人不能没有理想和目标,失去了理想和目标,就失去了前进的方向和生命的活力,如同船帆失去了海岸,雄鹰失去了蓝天。但对理想和目标必须要坚守,并且矢志不渝地去奋争,去拼搏,才能实现自己的宏大抱负。

古希腊著名演说家戴摩西尼幼年时严重"口吃",他年轻时开始学习演说,声音和姿态都十分笨拙,屡屡遭到听众的哄笑和讥讽,当然更无法战胜论敌。为了提高自己的演说能力,他躲在一个地下室练习口才。由于耐不住寂寞,他时不时就想出去溜达溜达,心总静不下来,练习的效果很差。无奈之下,他横下心,挥动剪刀把自己的头发剃去了一半,变成了一个怪模怪样的"阴阳头"。这样一来,因为羞于见人,他只得彻底打消了出去玩的念头,一心一意地练口才,一连数月足不出室,演说水平突飞猛进。经过多年苦练以后,再去演说的时候,每一次都会赢得经久不息的掌声,终于成为千年以来的卓越雄辩家。

1830 年,法国作家雨果同出版商签订合约,半年之内交出一部作品。为了确保能把全部精力放在写作上,雨果把除了身上穿的毛衣以外的其他衣物全部锁在柜子里,并且把钥匙丢进了小湖。就这样,由于根本拿不到外出要穿的衣服,他彻底打断了外出会友和游玩的念头,一头钻进写作里,除了吃饭与睡觉从不离开书桌,结果作品提前两周脱稿。而且这部仅用了 5 个月时间完成的作品,就是后来闻名于世的文学巨著《巴黎圣母院》。

一个人要有所建树,就必须"平心静气",排除干扰,耐得寂寞,默默耕耘,才能有所收获。我们只有敢于"自断后路",才不会前怕狼、后怕虎,才不会"急流勇退",代之而来的是破釜沉舟、奋勇争先的豪气和知难而上、敢作敢为的霸气。

**"自断后路",是一种勇气、一种魄力、一种胆识,更是一种品性和智慧。只有这样,才会激发潜力,调动激情,全力以赴,坚持到底,取得成功。这也是对理想和目标守望的真谛。**

看来,有时苦难不啻是一剂营养液。上好人生艰辛这一课,不仅对孩子,而且对父母也是大有裨益的。

她是湖北武汉市的一个普通下岗女工,她叫吴章鸿。她是一个不幸的女人,有过一次失败的婚姻,成了一个离异的单身母亲。因为她没有大学文凭,原本在科研单位的她,因单位改制,她一下子便失去了工作,成了一个"自由人"。她不仅用柔弱的双肩挑起了家庭生活的重担,还用顽强和智慧把儿子吴纯培养成才。

为了尽早地让孩子懂得生活的艰难,她有意识地把儿子当大人看待,有意识地让他参与家庭中大事的决定,包括经济开支等。她告诉儿子:一个困难你和妈妈共同分担,就成了半个困难,从小动员儿子和她一起面对生活中的困难,母子同心协力与苦难抗争。

在重建家园的过程中,她让儿子同她一起去购买每一样物品,一起去新华书店购买了《自立》《坚毅》等警言条幅作为母子共勉的座右铭。让儿子感到,在这个家里有他的地位和一份责任,让他亲眼看到旧家的毁灭和新家的建立,并从中看到妈妈自强不息的精神和坚强的意志。在当单亲妈妈最初的日子,儿子是她的唯一和全部,但她从不无原则地溺爱儿子。白手起家,要购买最急需的生活用品,保证儿子生活、文化学习和钢琴学习的费用,所以一时间没能力马上买电视机,同学都不相信他们家没有电视机。她如实告诉儿子,目前经济困难和不准备买电视机的想法,希望得到儿子的理解和支持,儿子懂事地点了点头。尽管儿子爱看动画片,但令母亲万万没想到的是,儿子根本不提看电视的事,每天用心做作业,然后努力练琴。直到3年后,她才用打工结余的钱买回一台电视机。

其次,她有意识地让儿子走进自己的打工生活,让儿子亲眼看看妈妈在怎样的辛苦劳动,用汗水换回每一分钱。她常带儿子去她搞电焊的打工现场,让他亲眼看见妈妈生产每个产品的全过程,还常常让儿子利用课余时间帮她干一些力所能及的劳动,帮她安插电阻、电容和集成块的座子,帮她把焊好的板子后面的多余部分用剪刀剪掉,使她多干些,多挣些钱。

每年8月,武汉天气最热。40度高温的天气,她带着儿子挤公交车,经过3个多小时到达市区,辗转几个店购买材料配件,几十公斤重的东西,她和儿子肩扛手提,汗流浃背。中午,和儿子蹲在马路边吃盒饭,吃完继续工作。让儿子体味到妈妈供他求学是多么的不易,要他努力学习,成为有用之才。儿子很懂事:"妈妈,儿子现在终于明白了您的一片苦心。放心吧,妈妈,我一定会奋发向上,努力学习,把自己的专业技能练得棒棒的!"

儿子利用课余时间做钢琴家教,以补贴家用,那时他才14岁,真是穷人的孩子早当家。她告诉儿子:吃自己的饭,流自己的汗;自己的事自己干,靠天靠地靠父母,不算是好汉。儿子4岁半学钢琴,然后跟随武汉艺

院陈婉教授学艺 8 年,16 岁赴乌克兰敖德萨音乐学院留学,在留学几年里,已获得 15 项国际钢琴比赛重要奖项,被誉为"来自中国的钢琴天才"。2003 年,年仅 21 岁的吴纯即担任了"李特赫青少年国际钢琴比赛"的评委,同年被授予"最优秀留学生"称号,后师从世界著名钢琴家克莱涅夫教授,在德国汉诺威音乐学院攻读博士学位。吴章鸿同时也成了著名家教专家、全国家教讲师团成员、少先队全国工委会特聘"志愿辅导员"。2002 年 5 月作为"平凡而伟大的母亲"入选教育部、全国妇联、共青团中央"全国更新家教观念报告团",于 5 月 18 日在北京人民大会堂做首场报告,反响强烈,随后奔赴全国 20 个省市数十个城市巡回演讲数百场。2005 年 9 月被评为"让你感动的中国母亲"。

## 心灵悄悄话
### XIN LING QIAO QIAO HUA

　　只有不断努力,才会激发潜力,调动激情,全力以赴,坚持到底,取得成功。这也是对理想和目标守望的真谛。

# 责任让你与众不同

　　把责任当成一种使命,并全力扛在肩上,就是扛着自己生命的信念,才能赢得信誉和尊严,让你出类拔萃,让你与众不同。

　　皮埃尔是一位农民。德法战争爆发后,他应征入伍,成了一名技术精到的炮手。一个冬日,诺艾尔将军来到他们炮兵班阵地,他用望远镜仔细瞭望河对岸的小村。他用尖利的嗓音对皮埃尔说:"喂,炮手,你看到丛林后面那所小农舍了吗? 这是德国人的一个住宿地。伙计,给他一炮。"

　　炮手的脸色惨白,尽管凛冽的寒风中,裹着大衣的副官打着寒战,但皮埃尔的前额却冒出了大粒汗珠。他仔细地瞄准,向目标开了一炮。硝烟过后,将军用望远镜观察河对岸的那块地方。"干得棒,我的战士! 真不赖!"他微笑着看着炮手,不禁喝起彩来。可是,将军一惊,他看到皮埃尔的脸上挂着两行热泪。"你怎么啦,炮手?"将军不解地问。"请你原谅我,将军,"炮手用低沉的声音说,"这是我的农舍。在这世界上,它是我仅有的一点财产。"将军沉默了。过了一会,他充满敬意地对炮手说:"我为你难过,也为你骄傲。因为你得到的比你失去得多。"后来将军重用了这个炮手,他相信这样的人能够担当任何重任。

　　每个人都应该向这个炮手致敬,他懂得责任的真正含义,并完美地做出了选择和行动。

　　温斯顿·丘吉尔有一句名言:"高尚、伟大的代价就是责任。"**一个勇于牺牲自我、尽心尽责的人,一定能成就一番伟业。换言之,要成就一番事业,就必须忠于责任,舍身忘我。**

　　一个青年,原是牙买加人。他的第一份工作是在一家大公司当清洁工,因为在这种大公司里他只能当清洁工,但年轻人把这份工作干得有声有色、有滋有味。没多久,他就摸索出了一种拖地板的姿势,既能把地板拖得又快又好,人还不容易劳累。他的认真和用心被公司老板发现了,观察了一段时间后,老板断定年轻人能成就更大的事业,于是很快破例提升了他。清洁工的工作让年轻人获得了一个宝贵的人生经验:"认真做好每一件事"。以这样的经验和努力,他最终成了美国白宫要员,获得了美国黑人前所未有的成功和荣誉。他就是美国前国务卿鲍威尔。

工作就意味着责任。世界上没有不需承担责任的工作。相反,一个人的职位越高,权力越大,肩负的责任就越重。一个人勇于乐于承担责任,把工作做得尽善尽美,就有可能得到承担更大责任的机会,就有可能获得更大的成功和荣誉。美国前总统杜鲁门的桌子上摆着一个牌子,上面写着:问题到此为止。汶川大地震时,北川县民政局局长王洪发,他的15位亲人都在地震中遇难。但他没有时间救自己的亲人,包括自己唯一的儿子,而是积极组织开展紧急救援。因为他没有忘记自己的责任。

**不论你从事什么工作,在何种行业,也不论你身居何处,只要调整工作态度,振奋精神,使自己生机勃勃,你都是一个全新的人,就可以把工作做得更好,就定能挥别平淡与庸俗,迈向杰出与卓越。**

大千世界,芸芸众生,除了极少数精英人士外,我们绝大多数人都是平凡人,是极普通极平凡的小人物。岗位平凡,角色平凡,生活也平凡。

但人可以平凡,却不能平庸。

在工作中,我们追求的应是在平凡的岗位上,发挥最大潜能,做出最大贡献。虽不一定要做出惊天动地的伟业,但要做出不平凡的业绩,成为本行业的行家里手,成为某方面的专家。而平庸则不然,是不思进取,敷衍塞责,碌碌无为,麻木不仁,如行尸走肉,醉生梦死,最终流于平淡而庸俗。平凡与平庸,只一字之差,半步之遥,稍有不慎,平凡便滑入平庸的泥淖。人生如逆水行舟,不进则退。

袁隆平,一个农大毕业生,到农校任教。他教学十分认真。他教授生物学、作物栽培、遗传育种农业基础课和专业课,边教边学,并走出课堂,来到田间地头,从实践中找答案。他不满足于仅当一名合格的中专老师,还想在农业科研上搞出点名堂来。

在漫长的 19 年教学生涯中,他在教学中积累知识,又通过教学、生产、科研相结合,创造出了许多农业科技成果。后来他依据遗传学的知识,对退化植株仔细进行观察和统计分析,进行了有战略意义的杂交水稻的研究。如今,袁隆平的"杂交水稻"不仅破解了人口数占世界人口20% 的中国粮食短缺问题,全国已累计增产粮食 5000 多亿公斤,每年新增产量可多养活 6000 多万人口,也为世界粮食安全做出了巨大贡献。目前世界上已有 20 多个国家和地区在研究或引种杂交水稻,杂交稻已引起世界范围的关注。2001 年袁隆平被授予国家最高科学技术奖,还先后获得 11 项国际大奖。他赢得了"杂交水稻之父""当代神农""米神"等众多美誉。

一个平凡的教书匠,不囿于三尺讲台,放眼大地,放眼未来,种植梦想和希望,播撒心血和汗水,终于做出了泽惠世界的大事业,收获了沉甸甸的人生。平凡的岗位,拥有一颗不甘平庸的心,就能创造出不平凡的业绩。

一个邮递员会向客户做自我介绍,并请客户也介绍自己,为的是当客户出差不在家的时候,他可以把客户的信件暂时代为保管,打包放好,等客户回家的时候再送过来。这个邮递员就是邮差弗雷德。

弗雷德认真对待每一件事情,不做到尽善尽美决不罢休。他的准则是,无论人们怎么慌乱,其他人怎样担心和着急,他都不会因此而敷衍了事。他从未耽误或误投过任何一个邮件。他从不投机取巧,追求绝对准确。

他一心一意地为客户着想,通过自己的想象力和创造力,为客户提供了不少超值的服务,让每一天都成为自己职业生涯的代表作。在美国,无论是全球顶尖的大公司,还是一些正在成长的中小公司,邮差弗雷德已经成为创新服务和增值服务的代名词,企业每年都设立"弗雷德奖",专门鼓励那些在服务、创新和尽责上具有敬业精神的员工。弗雷德改变了

两亿美国人的观念。

身处平凡，但拒绝平庸！不是平凡为人带来平庸，而是人给平凡蒙上平庸。要坚信"不是职业为人带来尊严，而是人给职业赋予尊严。"

**心灵悄悄话**
XIN LING QIAO QIAO HUA

不论你从事什么工作，在何种行业，也不论你身居何处，只要调整工作态度，振奋精神，使自己生机勃勃，你都是一个全新的人，就可以把工作做得更好，就定能挥别平淡与庸俗，迈向杰出与卓越。

# 突破人生壁垒

只要敢于打破世俗的偏见,只要敢于突破人生的壁垒,每个人都可以大有作为,都可以活得异彩纷呈。

有一个男孩叫成利华,13岁那年,父亲因为尿毒症而撒手人寰。15岁那年他辍学到广州打工。由于仅有初中文化,为了提高自己,他便自学高中课文。18岁那年,他在母校参加了当年的高考,考上了大学。大学毕业后,他进了一家化工厂做市场调研。

可惜,他工作得很不顺利,于是厂里又安排他下车间实习。成利华认为这是小瞧了自己,心想,自己去考研,只要研究生毕业了,谁还敢轻视自己。当年,成利华辞去工作,专心开始考研。1995年,他如愿考上了华南某大学硕博连读的研究生。1999年,博士毕业,被一家机电公司录用,任命他为综合生产部副经理,协助经理抓生产。

然而,他工作方法不恰当,人们怨声载道。更为糟糕的是,一次,他把一张设计好的模具图纸交给工人加工,接手的技工一看,马上指出设计得不合理。他觉得很没面子,并固执地要工人师傅按图纸加工。结果,加工出来的模具真的不能用,给公司造成了近5万元的损失。他傻眼了!他感到一股巨大的压力:难道学历和实际技能真的不成正比?

这件事给了他很大的震动,自己连连碰壁,根本原因就在于空有一身理论,不能与实际相结合,没有一技之长。想到这里,他果断地做出了一个连自己都吃惊不已的决定:转型做技工!

于是,他报名参加了只有在周末和晚上授课的高级模具技工培训班。但他没有透露自己的博士身份。这事让女友和同事们都难以理解,但他还是坚持了下来,获得了中级模具技师证书。拿到证书的一个月后,一次公司接到一宗大业务,技术部门把图纸设计出来后,工人们连夜加班加点赶模具。成利华无意瞄了一眼图纸,突然发现数据有误,于是赶紧找图纸设计人。谁料,对方不但压根没把他的提醒放在心上,反倒拿他以前那件事略带嘲讽地说:"怎么,好了伤疤就忘了痛?"但是成利华坚信自己没错,找到总经理,最终图纸的错误被纠正,避免了20多万元的经济损失。这件事,让成利华暗地里学技工的事马上"曝光",公司领导给予了高度赞扬,并重新提拔他做综合生产部副经理。但也有许多人偷偷议论:"一个博士,竟然去学那上不了台面的技工,羞不羞?看他能作秀多久。"

对此。成利华只是付诸一笑。他坚信自己的路没错,而且,又乘胜追击,于2001年12月拿到了高级模具证书,并在一个有500多人参加的省级模具技能大赛上取得了季军。成利华出名了,不少企业竞相以高薪水、高职位聘请他。为了留住成利华,公司不仅把他提升为生产部经理,而且月薪一下子涨到2万元,最后又涨到5万元。

成利华心潮澎湃,他感到是知识和创新将自己提升到了人生的新层次、新境界。

小沈阳把自己交给了舞台,用勤奋、执着、热情和汗水,开始了精彩的亮相。

2009年央视春节晚会后的小沈阳,火了!

小沈阳原名沈鹤,1981年出身于辽宁省开原市一个贫苦的农民家庭。由于家里穷,小沈阳读了5年半的书就辍学在家,虽然从未拜师学艺,但生长在东北乡村的他,时常能看到田间地头的二人转表演,听到录音机里播放的经典二人转段子,加之父母也都会表演二人转,对他来说唱起二人转是如此自然的事。上山砍柴、采野菜时,他和哥哥常拿二人转打发枯燥的时光。

为了不"白瞎"了孩子的艺术天分,小沈阳14岁时,父母一咬牙,借了一笔钱送他去学武术。他和妈妈都天真地觉得学了武术之后能像李连杰、成龙一样,拍个大片。第一年,小沈阳学得非常刻苦,可一年3500元的学费,让家里难以承受。第二年,他跟家里说学武的人都不长个子,坚决不去学了。父母后来才知道,他是怕给家里添负担才放弃了学习。

为了挣钱,母亲趁着农闲出去唱"白活"补贴家用。"白活"就是东北农村办丧事时,找人去边哭边唱。有一回,小沈阳心疼母亲大冬天独自出远门太辛苦,就陪着母亲一起去,也就跟着干了一回"白活"。一曲唱完,有位老大哥跟他母亲说:"你这孩子正经唱得不错,跟着你这么唱不白瞎了吗?电视上说铁岭正招生学二人转呢,把孩子送那里学去吧。"就是因为这句话,16岁的小沈阳决定出去闯一闯。默默藏着改变自己和家人的命运的念头,1996年他独自一人,背井离乡跑到铁岭,闯进了铁岭县剧团。"当时的学费要1000元,我总共就借到700元,那300元学费只好欠着。"

1999年他学成毕业。第一次正式登台,是跟着剧团送戏下乡,唱的是《小拜年》。他紧张得不行,一紧张就爱哆嗦,当时不光腿哆嗦,连嘴都哆嗦,连他自己都不知道一场戏是怎么哆嗦完的。

一次演出,小沈阳是刚和沈春阳搭档在吉林唱二人转。有喝醉酒的观众在下面起哄,说演的啥玩意儿,下去吧。见两人还在台上接着表演,那人继续骂。沈春阳受不了了,愣在台上就哭了起来。小沈阳心里也不是滋味,还是硬撑着唱了一首思念父母的歌。这一唱,两个背井离乡、奋力打拼的年轻人眼泪止不住了。有一位观众站出来打抱不平,说俩孩子这么不容易,骂他们干啥,说着,还掏出了小费,把场面给圆了过去。其实刚到吉林的那段日子,小沈阳差不多天天挨哄,当时"死的心都有了"。

不久,在吉林小沈阳认识了本山传媒的副总张家豪。在张家豪的引荐下,2006年中秋节,小沈阳拜赵本山为师。拜师时,赵本山对小沈阳说的唯一一句话就是:"好好干,犯错误收拾你。"

在今年央视的元宵晚会上,小品《不差钱》获得今年"我最喜爱的春节联欢晚会节目评选"语言类一等奖。颁奖后,赵本山说了一句意味深长的话:"把舞台交给小沈阳"。交给当年那个在静寂的山沟里清亮亮歌唱的孩子。10多年前,一个宁静的午后,小沈阳的小学老师在山路上远

远望见小沈阳和他哥哥,两个孩子,正在山沟里唱二人转。那么投入,没有一个观众,只有蓝天、白云和大山。

而今天,小沈阳红遍了大江南北。"十年磨一剑",小沈阳把自己交给了舞台,用勤奋、执着、热情和汗水,开始了精彩的亮相。

## 心灵悄悄话
### XIN LING QIAO QIAO HUA

有了坚韧,就能一往无前,就能排除一切困难和阻碍,打开成功的大门。

# 第二篇　希望的力量

　　请不要时刻用钱来衡量你的人生的价值，那样会使你的人生黯淡无光。当我们认为一件事值得我们去做的时候，就去做好了，不要考虑这是否会有回报，认为它值得你去做，这才是最重要的。

　　善待你周围的人吧，不要吝啬对别人的一点点关心。也许你不经意间已经撒下了美丽的种子，在未来的某一天会给你的生活带来灿烂无比的笑容。

　　羡慕别人的生活毫无意义，因为你看到的别人的幸福生活并不一定是你想象的那样，也许他们也正在羡慕你的生活。所以，不要在属于你的幸福的门前徘徊，要知道，你目前的生活才是最适合你的。

# 想要圆梦就必须不懈努力

很多时候,一个人所以无法取得成功,不是因为他的做事方法有问题,而是他的心态有问题。

最初,每个人的心中都会有许多的梦想,但最终能圆梦的人不是很多。

不能圆梦的原因也许有很多,但能圆梦的原因或许只有一个,那就是:为梦想不懈努力,不达目的决不罢休。

20世纪70年代出生的孩子,或许大都不会忘了动画片中唐老鸭那经典搞笑的声音。

唐老鸭的配音者是李扬。很多人都认为他是一个专业的配音演员。可是事实上,李扬最初只是一名部队里的工程兵,工作是挖土、打坑道、运灰浆、建房屋。这似乎和他的配音工作差了十万八千里。

然而李扬知道,自己一直擅长并喜欢配音工作。所以虽然他现在从事的不是这一行业,可他从来没有放弃过自己的梦想,他知道,总有一天自己的长处会被发掘出来。

于是,他在空闲时间里认真读书看报,阅读中外名著,并且自己尝试着搞些创作。退伍后,李扬成了一名工人,但他仍然没有放弃自己的理想,用他自己的话说,他始终认为这值得自己去投入。

后来,国家恢复了高考制度,李扬考上了北京大学机械系,这给他发挥自己的长项创造了良好的机会。因为他的不懈努力,因为他的天赋,加上一些朋友的介绍,李扬终于找到机会参加了一些外国影片的译制录音工作。他的声音生动,而且富有想象力,在几年的时间里他潜心钻研,终于成就了自己独特的配音风格。此时的李扬已是箭在弦上，只需有人开弓，就可以射向目标。

机会来了，风靡世界的动画片《米老鼠与唐老鸭》在中国招募汉语配音演员，虽然是业余配音演员，可李扬凭着自己独特的配音风格一举被迪斯尼公司相中，为唐老鸭配音。从此他成了家喻户晓的配音演员。问及李扬成功的秘诀时，他回答说："我之所以能够成功，就是因为我从来没有停止过挖掘自己的长处。"

李扬之所以取得了成功，是因为他认为自己的潜力终有一天会被发现，所以他才会一直朝着这个方向努力，并且认为为之付出多大代价都是值得的。

很多时候，一个人之所以无法做出成绩，不是因为他的工作方法有问题，而是他的心态有问题，即他认为做这项工作不是自己的长项，或者是对这项工作没有兴趣。一个人从事自己不擅长或不喜欢的工作，是不会拿出全部的热情和精力来做的。存在着这样的心态，又怎么能有突出的成绩呢？

每个人都有自己的长处，这个长处就像是你的一块宝藏，开启宝藏的钥匙就在你自己的手里，如果你轻易放弃，那么你的宝藏将永远掩埋。

**心灵悄悄话**
XIN LING QIAO QIAO HUA

我想，没有人愿意守着自己的宝藏不开掘，而是把它带进坟墓。所以，行动起来吧，发现自己的长处，这很重要，尽管你可能因为现实的一些原因而不得不在现有的位置工作。但是，只要你发现了它，并为之不懈努力，最终的成功就一定会属于你。

# 从身边的小事做起，以小博大

没有牢固的基石就造不出雄伟的大厦。任何一个人的成功都是要经过积累的，没有人能一口吃出个大胖子。

完成小事是成就大事的第一步，伟大的成就总是跟随在一连串小的成功之后。在事业起步之际，我们也许会被分派做最简单的工作，此时不要好高骛远，慨叹命运不公。从你的本职工作做起，记住，你的工作岗位是永远与你的实际能力相称的。

从前，有一个富翁，他来到另一个富人家做客，看见他们家的一座三层的楼房、宽敞高大、庄严华丽，十分羡慕，心里想："我的财富并不比他少，为什么我就不能建造一座这样的楼房呢？"

于是回到家里，他立刻找来木匠，问道："你能不能造一座像他家那样漂亮的三层高楼？"

木匠回答说："完全可以，他家那座楼就是我建造的。"

富人便说："那你现在就照样为我建造一座楼！"

于是杰匠就开始清理地基、测量土地、制坯垒砖、准备造楼。几天后，富人来到这里，看到他的活动，很是疑惑，问他："你这是在干什么？"

木匠回答说："这是在准备建三层楼的材料。"

富翁说："我不要盖下面这两层，就要你为我建造最上面的一层楼房。"

木匠答道："哪有这样的事？哪有不造底层的就能造第二层的？哪有不造第二层就能造第三层的道理？"

富翁发火了："不能建造还找出这么多的理由，分明是你的能力不行!"于是就把木匠赶走了。

富人是愚蠢的,不过下面这个乞丐也聪明不到哪里去。

有个乞丐,饿了很多天,这一天遇到了一个好心人,送给了他一笼包子,包子的味道实在太诱人了,乞丐一口气吃了九个,当吃完了第十个包子的时候,他觉得自己真的很饱了。可这时他发现笼子里的包子已经所剩无几了,于是不由得懊悔地说道:"哎,早知道吃这最后一个包子就能吃饱,为什么还要浪费之前的那九个呢?"

或许,任何一个头脑正常的人都知道,乞丐的前九个包子,富翁的前两层楼房,都是他们达到目的不可缺少的条件,所以富翁的要求和乞丐的遗憾都是愚蠢的。

不过,在现实的生活中,人们却经常会忽视这一点,刚刚参加社会的新人,或者是来到一个新的团队,他们会迫不及待地要求到最重要的岗位,因为他们觉得自己做这种小事简直就是大材小用。

他们不懂得,任何一个人的成功都是要经过积累的,没有人能一口吃出个大胖子,要知道,没有牢固的基石就造不出雄伟的大厦,没有对你能力的考验和提高,又怎么能把重要的工作交给你去做呢。更何况,如果你不具备这样的能力,就是对你委以重任,你恐怕也是无法承担的。如此放弃了通往成功的积累,却固执地想要成功的做法,与前面故事中那个只想要第三层楼房的富翁和只想吃最后一个包子的乞丐有什么区别呢?

## 心灵悄悄话
### XIN LING QIAO QIAO HUA

　　成功之路,不可急于求成,因为它是长期积累的结果。要想获得丰收,最需要做的就是从眼前最基本的事务做起。切记:攀登人生之路,本来就是一步一个脚印!

# 不要寄希望于一举成功

一举成功,就像是黄粱一梦,不过是幻想而已。

谁都不可能一举成功,请不要相信"一举成功"这种话,因为世界上根本不存在"一举成功"这回事。所谓的一举成功,只是一些成功者虚伪的炫辞,因为他怕说出那一箩筐失败的经历会被人耻笑,因为今天的他已非同小可了。

一举成功,就像是黄粱一梦,不过是幻想而已。

不可否认,这世界确有很多一辈子也没跌过跟头的人,即所谓的"不倒翁"。当你在创业的路上跌了 101 个跟头,爬起向后看时,他们正在嘲笑你。

然而,你却超越他们 101 步之遥。因为"不倒翁"的秘诀是:决不向前迈一步。

所以,**要向前进取,就要做好摔跟头的准备。"不倒翁",一万年以后仍会保持原地不动。**

保罗·高尔文是摩托罗拉的创始人。他的创业之路充满坎坷。他在哈佛镇认识的朋友爱德华·斯图尔特是斯图尔特无线电公司的负责人,已在无线电领域活跃了好几年。

他试图邀高尔文和他共同发展。于是,他向高尔文提议办一个蓄电池厂,并像一个传道者一样鼓吹了这个计划。这正和高尔文的设想不谋而合,他立刻同意了。1921 年 7 月 15 日,斯图尔特电池公司大吹大擂地在威斯康辛州的马什菲尔德成立了。高尔文在工作中一如既往地孜孜不倦。

努力工作给他带来了收益,报纸终于把斯图尔特一高尔文公司称作"马什菲尔德市制造业中最大的工厂之一"。

但是,由于公司的地址选择有误,运费昂贵;加之正好赶上美国全国性的经济衰退,他们的公司倒闭了。高尔文只能打道回府。他和妻子以及 10 个月的儿子搭乘破旧的汽车返回伊利诺伊。当时,高尔文口袋里仅剩一元五角钱,连供他们途中吃饭都不够。

高尔文不得不四处为人打工。就在他在新的公司步步高升,做了销售主管时,爱德华又来找他。

爱德华通过他父亲的关系买下了原来斯图尔特电池公司的残余部分,并将厂房搬到了交通便利的芝加哥皮奥利亚街一处房子里。他们感到这次对电池公司扩展销路有了把握,雷厉风行的高尔文立刻答应了斯图尔特的邀请,辞去职务,再次走上和斯图尔特合作办厂的路。

斯图尔特公司的电池业务相当兴隆。1926 年,美国的无线电再次有了飞跃性的发展,他们都感到利用交流电而不用电池的收音机出台只不过是时间问题而已。

斯图尔特用一种叫 A 替代器的小发明来解决这个问题,这种替代器可以给用完后的电池再次充电。为了购买部件、装配生产线并投入生产替代器,高尔文出资买下了公司的一部分股份。

令他们始料不及的是,公司生产的替代器出了质量问题,退货的人很多,他们的境况又变得不妙。此时,他们立刻将已装运出去的替代器调回来,开始了一个日夜连轴转的工程计划,以排除毛病。

但竞争激烈的市场没有给他们时间,顾客们马上投向别的公司。由于资金不畅,行政法官立刻驾临斯图尔特电池公司,将它封闭了。高尔文又一次面临灭顶之灾。

但高尔文心中并未完全放弃对替代器的希望。他做了一番市场考察后在公司产品的拍卖会上将替代器买了回来。当时亦有许多商家看好替代器,但他们对替代器的前景缺乏信心,又被高尔文的出价吓倒,最终让高尔文买下了自己倒闭公司的产品。

高尔文用四处筹集的钱终于再次将工厂办了起来。在以后的几年中,公司买卖兴隆,发展迅速。

## 心灵悄悄话
### XIN LING QIAO QIAO HUA

成功之路,就是这样一点一点走出来的,在前进的道路上,并不是一日千里,有时候,甚至是一寸一寸地前移。如果说信心是成功的支柱,那么它必须有持久的耐心做保障。

第二篇 希望的力量

# 抱最大的希望，做最大的努力

有些做人最基本的东西，不一定是在课堂上学到的。

一个青年来到城市打工，不久因为工作勤奋，老板将一个小公司交给他打点。他将这个小公司管理得井井有条，业绩直线上升。有一个外商听说之后，想同他洽谈一个合作项目。当谈判结束后，他邀这位也是黑眼睛黄皮肤的外商共进晚餐。晚餐很简单，几个盘子都吃得干干净净，只剩下两只小笼包子。他对服务小姐说，请把这两只包子装进食品袋里，我带走。

外商当即站起来表示明天就同他签合同。第二天，老板设宴款待外商。席间，外商轻声问他，你受过什么教育？他说我家很穷，父母不识字，他们对我的教育是从一粒米、一根线开始的。父亲去世后，母亲辛辛苦苦地供我上学。她说俺不指望你高人一等，你能做好你自个儿的事就中……在一旁的老板眼里渗出亮亮的液体，端起酒杯激动地说：我提议敬她老人家一杯——你受过人生最好的教育！

一个相貌平平的女孩，在一所极普通的中专学校读书，成绩也很一般。她得知妈妈患了不治之症之后，想减轻一点家里的负担，希望利用暑假这两个月的时间挣一点钱。她到一家公司去应聘，韩国经理看了她的履历，没有表情地拒绝了。女孩收回自己的材料，用手掌撑了一下椅子站起来，觉得手被扎了一下，看了看手掌，上面沁出了一颗红红的小血珠，原来椅子上有一只钉子露出了头。她见桌子上有一条石镇纸，于是拿来用它将钉子敲平，然后转身离去。可是几分钟后，韩国经理却派人将她追了回来，她被聘用了。

有一个岗位需要招人,先后来了四位应聘者。在招聘条件一栏中,有一项条件是必须具备两年以上的工作经验。前三位应聘者都称自己有类似的工作经验,但面对应聘者的考问,很快显示出自己对这一行的无知。最后来了一位男学生,他坦率地对招聘者说,自己不具备这方面的工作经验,但对这项工作很感兴趣,并且有信心经过短暂的实践后,能够胜任它。招聘者毫不犹豫地录用了他。此后他和那个招聘者曾经有过一段对话,那个招聘者说,有很多求职的人在介绍自己的情况时并不诚实,而他为什么能够诚实相告呢? 他说小时候有一次他拣了钱,奶奶问他时,他撒了谎。奶奶朝他的屁股上重重地打了一下,然后告诫他:**"穷不可怕,只要你诚实,你就有救!"**他说他永远记得奶奶说的这句话。试想一个不敢正视自己的不足,只能依靠骗来的众人信任的人,他能行得远吗?

　　在一条街道的不远处,许多人围在一起议论纷纷,一位很英俊的男士出于好奇上前看个究竟,一问才知道有位非常美丽的姑娘准备选丈夫,男士们听了不禁觉得很有点意思,想看看到底是什么样的姑娘能竟然让这么多男士在街头驻足。过了一会儿,临街小楼的二楼阳台上站着一位姑娘,大伙不禁一片哗然,姑娘的确是国色天香,不仅有闭月羞花之容,更有倾国倾城之貌。这位男士也被姑娘的美貌吸引,男士上前与姑娘搭讪,并向她表明心意。然而姑娘十分傲慢地说:"你也不看看自己这模样,真是癞蛤蟆想吃天鹅肉,不过只要有人能在楼下等我一年我便嫁给他。"此言一出,便有十几个年轻人坐在楼下静静地等待。

　　半个月后,剩下不到十个人在苦苦等待;一个月后,剩下几个人在执着地等待,三个月后,剩下六个人在死死地等待;到半年后,剩下四个在痴心地等待,到八个月后,只剩下二个人在拼命地等待,到一年期限的最后一天,那位姑娘被这位忠诚的骑士所感动,如此可贵的品质真是太少见了,然而,到黄昏时,那位男士踏着夕阳的余晖步伐矫健地离开了。留下的依然是来来往往的匆匆过客,还有那位惊愕的姑娘。

　　那位男士不仅适当地表达了自己的情义,又巧妙地保留了自己的尊严。

有一个老人,过去地位很高,现在有七八十岁了。

一天,有个朋友遇见他,看他气色很好,就问他到底多大岁数了,他很风趣地说:"我是望八之年"。他来个谐音答话,自我幽默一番。

这位老人,现在很穷的,他常说人世上的两个字,自己只准有一个字,决不许同时拥有两字。什么字呢?"穷愁"两字。

凡"穷"一定会"愁",穷加上愁就构成穷愁潦倒。他虽然已到望八之年,因为只许自己穷,绝不再许自己愁,所以能"乐天知命而不忧"。他真的做到了,遇见知己朋友,仍然谈笑风生。

他虽然穷,家里还有一个跟了他几十年当差的老用人,不拿薪水,在侍候他。有一天,他写了一张借钱的条子,叫老用人送到一个朋友那里,这个朋友知道他的情况,又是几十年的老交情,他有条子要钱,当然照给。

这一天他拿了一千块钱,然后到一家饭馆,吩咐人配了几样他最喜欢的菜;身上的香烟不大好,又吩咐人拿来一包最喜欢抽的英国加立克牌的高级香烟。一个人慢慢享受,享受完了,口袋里掏出这一千元,全部给了茶房。茶房说要不了这许多,要找钱给他,他说不必找了,多余的给小费。其实连那包外国香烟在内,他花费一共也不过三四百元。茶房说小费太多了,他仍说算了不必找了。他以前本来手面就这么大,赏下人的小费特别多,现在虽穷,还是当年的派头。习惯了,自己忘了有没有钱。

很多老朋友们当面说他仍不减当年的风趣,他听了笑笑说,穷归穷,绝不愁,如果又穷又愁,这就划不来,变成穷愁潦倒就冤得很。

**社会上贫寒交迫的人很多,要想心理上不再添愁,就要做到这一点,"穷愁"两个字只能有一个。**

李眉大学毕业后回到老家,在市区开一家心理咨询门诊所。开业后,来看心病的还真不少,有青春期的少男少女,有失恋失意的青年男女,还有中年老年心理病人。李眉忙得团团转,生意还不错。

一天晚上,李眉在台灯下写东西,忽然响起了轻轻地叩门声,她开门一看,是一个老人,他脸色憔悴得吓人,精神高度紧张的样子,进了门就"扑通"跪在地上,连声说:"姑娘,都说你挺神,快,快救救我,他、他要害死我呀!"

李眉一个姑娘家,哪遇到过这种事? 吓得她赶紧关门闭窗,又用一张桌子顶住了门,接着,她拿起电话筒,就拨110,那老人却一把按住电话机:"姑娘,别报警……没用的!"

老人低下头喃喃地说:"要害我的,他、他不是人,是个鬼呀!"

李眉听了这话,放下心来。她先给老人倒了一杯热茶,然后有一句没一句地跟他闲聊,有意无意地说到了老人的"病根"上。原来,老人名叫乔大治,七十三岁,"鬼"从何来? 这就要从四十七年前说起了。

那时候,正是国内革命战争时期,乔大治正是壮年,在火车站拉人力车。腊月二十九这天晚上,一位身穿长棉袍的青年坐了他的车,乔大治把他送到一家客店,拉着空车回了家。到家后,他在车座上发现了一个布包,沉甸甸的,竟是一包白花花的大洋,乔大治乐坏了,怕那青年人来找,赶紧把钱藏了起来。

第二天一早,那青年人满头大汗地找来了,一把拉住乔大治的手,哭着求道:"师傅,把包还给我吧,那是我替老板要账要回的钱呐! 回去交不了差,我只有死呀!"说着,他跪了下来。

乔大治心软了,想把钱还给他,可又一想,自己穷了半辈子,要是还掉,再也碰不着这样的机会了! 于是,他一口咬定:"没看见,兴许让别人拿走了……"

后来青年人的头都磕出血了,他望着乔大治,一字一顿地说:"师傅,我也不求你了! 不过,我在这里要发个毒誓,赌个恶咒,我丢了钱,回去就得上吊,谁拿了我那钱,家里早晚也得死一口子!"说罢,他就走了。

后来,乔大治听说,那青年人姓毛,住在北山镇,听说回去就上了吊。乔大治当时心里内疚了好久,后来时间长了,他也渐渐忘记了。没想到,事情过了四十七年,那恶咒竟灵验了:上个月,乔大治的小儿子刚考上大学,就不幸遇上车祸死了。说到这,乔大治泪水涟涟,说:"我得回去啦,他害死了我儿子,也不会放过我!"说罢,推开门走了……

第二天,李眉便得到消息:乔大治昨晚上吊自尽了!

李眉自然不会相信那句恶咒真会作祟害人,她去了北山镇。

李眉找到毛家,一敲门,出来一位白发苍苍红光满面的老汉,他望着李眉,纳闷地问:"姑娘,你找准?"

李眉突然冒出一句:"请问,您是不是那个四十七年前丢了三百多块大洋的人?"

毛老汉一愣,随即惊愕地说:"是呀,是我。你是怎么知道的?"李眉把乔大治的事跟毛老汉一五一十地讲了一遍。

毛老汉听完,叹息道:"想不到,我一句话,竟害死了乔大哥,唉!"原来,那天毛老汉赌了恶咒后,本打算见一见家里人就上吊自尽,没想到的是,那老板因解放军快到了,卷了财物逃走了,毛老汉因此意外地捡了条命。

李眉听了,叹息不止……

## 心灵悄悄话
XIN LING QIAO QIAO HUA

相信我们应该在一种理想主义中去找精神上的力量,这种理想主义要能够不使我们骄傲,而又能够使我们把我们的希望和梦想放得很高。

# 给自己种下"希望的种子"

在心中播下希望的种子,这样你就能够在艰苦的岁月里抱有一份希望,不至于被各种困难吓倒,最终走出困境,达到梦想的目标。世事无常,我们随时都会遇到困厄和挫折。当遇见生命中突如其来的困难时,你都是怎么看待的呢?不要把自己禁锢在眼前的困苦中,眼光放远一点,当你看得见成功的未来远景时,你就会不畏艰难险阻。

**哈佛人说,希望是引爆生命潜能的导火索,是激发生命激情的催化剂。**自己给生活带来希望的人,每天都将活得生机勃勃、激昂澎湃,我们将忘记叹息和悲哀,不再将生命浪费在一些无足轻重的小事上。

当我们处于厄运的时候,当我们面对失败的时候、当我们面对重大灾难的时候,只要我们仍能在自己的生命之杯中盛满希望之水,那么,无论遭遇什么样的坎坷和不幸之事,我们都能永葆快乐心情,我们的生命才不会枯萎。

我们要懂得给自己种下希望的种子,让它生根发芽,然后变成最美丽的大树。

二战时期,在纳粹集中营里,一个叫玛莎的犹太女孩写过这样一首诗:

这些天里我一定要节省,虽然我没钱可节省
我一定要节省健康和力量,足够支持我很长时间
我一定要节省我的神经我的思想我的心灵和我精神之火
我一定要节省流下的泪水

我需要它们安慰我

我一定要节省忍耐，在这些风暴肆虐的日子

在我的生命里我有那么多需要的

情感的温暖和一颗善良的心

这些东西我都缺少

这些我一定要节省

这一切，上帝的礼物，我希望保存

我将多么悲伤

倘若我很快就失去了它们

即使在随时都可能死去的时刻，玛莎仍然热爱着生命。她节省泪水、节省精神之火，用稚嫩的文字给自己弱小的灵魂取暖，用坚韧的希望照亮黑暗的角落。很多人在绝望中死去，而这个当时只有 12 岁的小女孩玛莎，终于等到了二战结束，看见了新生的曙光。

**人在任何时候都不应该放弃希望，希望是生命的维系。只要一息尚存，就要追求、就要奋斗。无论面对怎样的环境，面对再大的困难，都不能放弃对生活的热爱。**

内心充满希望，它可以为你增添一分勇气和力量，它可以支撑起你一身的傲骨。当莱特兄弟研究飞机的时候，许多人都讥笑他们是异想天开，当时甚至有句俗语说："上帝如果有意让人飞，早就使他们长出翅膀。"

我们生活在一个竞争十分激烈的社会，有时在某方面一时落后，有时困难重重，有时失败连连，有时甚至被人嘲笑……但无论什么时候，我们都不能放弃努力，要为自己播下希望的种子。

1942 年，德国人围住彼德格勒。普京在回忆当时的情况时说，每天都有人饿死。饥饿让人变得疯狂。不少人看上了研究所的那些粮食，这可能是当时彼德格勒城中唯一储备大量粮食的地方。

驻守的军队来过，可是科学家说，这是种子，是苏维埃将来的希望，如果希望没了，那么国家就没了，无奈下驻守军队撤退了。

前线浴血备战的将军也来过，他要把粮食全部交给军队，因为部队马上要坚持不住了，如果没有粮食，战士们都会饿死在战场上。但科学家说，这是种子，不能吃掉。将军暴跳如雷，但科学家告诉他们："当我们打退了德国人，农民们可以用这些种子过上幸福的生活。"将军听完，向科学家敬礼，然后带领士兵离开了。

几个月后，看守仓库的科学家饿死在粮堆旁。彼德格勒的那座粮仓，成为世界粮食史上的一个奇迹。

科学家保住了希望的种子，他留给后人的是无尽的财富与更大的希望。高情商的人都应该具备这样的心态。

**在不断前进的人生中，凡是能看得见未来的人，也一定能掌握现在，因为明天的方向他已经规划好了，知道自己的人生将走向何方。**留住心中的"希望种子"，相信自己会有一个无可限量的未来，心存希望，任何艰难都不会成为我们的阻碍。只要怀抱希望，生命自然会充满激情与活力。

以下建议可以让我们充满希望：

越担惊受怕，就越会遭遇灾祸。因此，一定要懂得积极态度所带来的力量，希望和乐观能引导你走向胜利。

即使处境危难，也要寻找积极因素。这样，你就不会放弃取得微小胜利的努力。你越乐观，克服困难的勇气就越会倍增。

以幽默的态度来接受现实中的失败。有幽默感的人，才有能力轻松地克服困难，有更好的心态面对生活。

**既不要被逆境困扰，也不要幻想出现奇迹，要脚踏实地，坚持不懈，全力以赴去争取胜利。**

不管多么严峻的形势向你逼来，你也要努力去发现有利的因素，这样。自信心自然也就增强了。

不要把悲观作为保护你的缓冲器。乐观是希望之花，能赐人以力量。

当你失败时，你要想到你曾经多次获得过成功，这才是值得庆幸的。

如果 10 个问题,你做对了 5 个,那么还是完全有理由庆祝一番,因为你已经成功地解决了 5 个问题。

在闲暇时间,你要努力接近乐观的人,观察他们的行为。通过观察和学习,能培养自己乐观的态度,乐观的火种会慢慢地在你内心点燃。

生活中不可能总是阳光明媚的艳阳天,狂风暴雨随时都有可能来临。每一个人都要以一种勇敢的人生姿态去迎接命运的挑战,跌倒了再爬起来,坚持下去,种下希望的种子,就一定能成功。

**一个人最大的危险是迷失自己,特别是在苦难接踵而至的时候。**无论一个人多么不幸,无论生活有多么难,只要心中有希望,就一定能走出阴霾。

心灵悄悄话
XIN LING QIAO QIAO HUA

　　命运的天空被涂上一层阴霾的乌云,但高情商者始终高昂着那颗不愿低下的头。因为他心中有盏灯,能点亮所有的黑暗,那盏灯就是高情商者永远都不会放弃的希望。

# 记着每天给自己一个希望

每天给自己一个希望,就是给自己一个目标,给自己一点信心。生命是有限的,但希望是无限的,只要我们不忘每天给自己一个希望,我们就一定能够拥有一个丰富多彩的人生。

**珍惜每一个属于自己的日子,不在今天后悔昨天,不在今天挥霍明天。**走好每一步,过好每一天。每天,都让自己有一个全新的开始,每天给自己一个希望,并努力去实现。

在课堂上,哈佛教授曾给学生讲过这样一件事情。美国有一所小学的毕业生在当地警察局的犯罪记录是最低的,后来一位研究者通过对该校毕业生的问卷调查,得到了一个奇怪的答案——因为该校的学生都知道铅笔有多少种用途。

在这所学校,新生入学后接受的第一堂课就是:一支铅笔有多少种用途。在课堂上,孩子们明白了铅笔不仅有写字这种最普通的用途,必要时还能用来做尺子画线;作为礼品送人表示友爱;当作商品出售获得利润;笔芯磨成粉后可做润滑粉;演出时也可临时用于化妆;削尖的铅笔还能当作自卫的武器……

通过这一课,学生们懂得了:拥有眼睛、鼻子、耳朵、大脑和手脚的人更是有无数种用途,并且任何一种用途都足以使一个人生存下去。这种教育的结果是,从这所学校毕业的学生,无论他们的处境如何,都生活得非常快乐,因为他们永远对未来充满希望。

每天给自己一个希望，我们就能够充满士气地面对自己的生活，而不是将时间花费在无尽的悲哀和苦闷上。生命有限但希望无限，每天给自己一个希望，我们就能够拥有一个丰富多彩的人生。

哈佛人之所以有一个良好的心态，那是因为他们都知道一个道理：每一天的太阳都是崭新的。每一天都会带给我们新的希望。

有希望就会有期待，当我们养成一个习惯，每天期待一件惊喜的事发生，那么我们的期待，也就没有一天会落空。也就是说，我们期待得愈多，得到的意外喜悦就愈多。如果一个人心中整天都装满了希望，那么他还有什么理由去叹息、去悲哀、去烦恼？

居里夫人曾经说过："我的最高原则是：不论遇到什么困难，都绝不屈服。"生活中时常会出现不顺的时刻，折磨人的逆境在所难免。记住，在任何时候，都不要放弃希望，即使再困难的境况，也要坚持用心拥抱希望，最终你会迎来雨过天晴的那一天。

**绝不能放弃希望，不仅如此，还要每天都给自己一个希望。**只有希望不断，你才能有源源不断的力量，才能追求到更美好的明天。

1942年寒冬，纳粹集中营内，一个孤独的男孩正从铁栏杆向外张望。恰好此时，一个女孩从集中营前经过，并将一个红苹果扔进铁栏。一只象征生命、希望和爱情的红苹果。

第二天，男孩又到铁栏边，她又来了，手里拿着红苹果。这动人的情景又持续了好些天。

终于，有一天，男孩眉头紧锁对心爱的姑娘说："明天你就不用再来了。他们将把我转到另一个集中营去。"说完，他伤心地转身而去。从此以后，每当痛苦来临，女孩那恬静的身影便会出现在他的脑海中，他似乎看到了希望。即使深处痛苦之中，他也感到每天都充满希望。

1917年的某天，美国。两位成年移民无意中坐到一起。"大战时您在何处？"女士问道。"那时我被关在德国的一个集中营里。"男士答道。"我曾给一位被关在德国集中营里的男孩递过苹果。"女士回忆道。男士猛吃一惊,他问道:"那男孩是不是有一天曾对你说,明天你就不用再来了,他将被转移到另一个集中营去?""啊!是的。"男士盯着她的眼:"那就是我。"

后来,他们结婚了,成为最幸福的夫妻。

在这个世界上,有许多事情是我们难以预料的,但我们并不应该因此而陷入绝望。我们不能控制际遇,却可以掌握自己;我们无法预知未来,却可以把握现在;我们不知道自己的生命到底有多长,却可以安排当下的生活;我们左右不了变化无常的天气,却可以调整自己的心情。只要活着,就有希望。

美国人派吉的诗《只为今天》,能够让我们有所借鉴。

只为今天,我要很快乐。

只为今天,我要让自己适应一切,而不去试着调整一切来适应我的欲望。

只为今天,我要爱护我的身体。

只为今天,我要加强我的思想。

只为今天,我要用三件事来锻炼我的灵魂:我要为别人做一件好事;我还要做两件我并不想做的事,只是为了锻炼自己。

只为今天,我要做个讨人欢喜的人,外表要尽量修饰,衣着要尽量得体,说话低声,行动优雅,丝毫不在乎别人的毁誉。

只为今天,我要试着只考虑怎么度过今天,而不把我一生的问题都在一次解决。因为,我虽能连续十二个钟点做一件事,但若要我一辈子都这样做下去的话,那就会吓坏了我。

只为今天,我要订下一个计划,我要写下每个钟点的计划。

只为今天,我要心中毫无惧怕,只用微笑面对一切。

**自我激励是人生路上必不可少的生存技巧。学会了为自己加油,就没有再能打败你的敌人。因为,最可怕的事情就是自己打败自己。**

人们心中的希望与理想梦幻相比,常常更有价值。希望常常是将来

第二篇 希望的力量

事实的预言，更是人们做事的指导，希望能衡量人们目标的高低，效能的多寡。有许多人容许自己的希望慢慢地淡漠下去，这是因为他们不懂得坚持着自己的希望就能增加自己的力量，就能实现自己的梦想。

实际上，没有什么事情是"不可能"的。成功学大师卡耐基年轻时的理想是成为一名作家，但由于家境贫穷他未能接受很好的教育，所以，有朋友告诉他成为作家的梦想"不可能实现"。于是，年轻的卡耐基存钱买了一本最好的、最完全的、最漂亮的字典，他做了一件奇特的事，他找到"不可能"（impossible）这个字，用小剪刀把它剪下来，然后丢掉。于是他有了一本没有"不可能"的字典。

汤姆生下来的时候，只有半只左脚和一只畸形的右手。但心态好的汤姆从来没有因为自己的缺陷而自卑，他认为，别的男孩能做到的事情，他也一定能做到。

后来当他开始踢橄榄时，他发现自己居然能把球踢得比任何一个在一起玩的男孩子都远。于是他请人为自己专门设计了一只鞋子，并参加了踢球测验。最后，他得到了冲锋队的一份合约。

但教练却婉转地告诉他，他不具有做职业橄榄球员的条件，建议他去试试其他的事业。但是他并没有因此而放弃，而是申请加入了新奥尔良圣徒球队，他坚信自己能够做得和其他人一样，甚至更好。教练虽然心存怀疑，但是汤姆的执着打动了他，于是他把汤姆留在了队里。此后，他除了每天训练，他还每天都鼓励自己一定能行，因为他认为世界上没有什么不能的事，只看你做不做。

两个星期后，教练对汤姆的好感加深了，因为在一次友谊赛中他踢出了55码远而得了高分。这种情形使他获得了专为圣徒队踢球的工作，而且在那一季中他为球队踢得了99分。

胜利后，球迷狂呼乱叫，为踢得最远的一球而兴奋，这是只有半只脚和一只畸形的手的球员踢出来的！

"真是难以相信。"有人大声叫，但是汤姆只是微笑。记者问他为什么会创造这般奇迹的时候，他告诉记者"今天告诉自己，我能行"。

自我激励具有鼓舞人心的创造性力量，它鼓励人们去尽力完成自己所要从事的事业。进行自我激励，足以增进人的希望，使人尽量发挥他的才干，令其达到最高的境界。积极的心态，可以战胜低下的才能，可以战胜阻碍成功的仇敌。即使看似不可能的事情，只要抱定希望，努力去做，持之以恒，终有成功的一天。

**只要努力，一切都可以改变，因为你的体内拥有无穷无尽的潜能，它能够使你克服身体的残疾，填充心理的缺陷，所以，永远也不要消极地认为什么事情是不可能做到的。**

一个喜欢棒球的小男孩在生日时得到一副新的球棒。他激动万分地冲出屋子，大喊道："我是世界上最好的击球手！"他把球高高地扔向天空，举棒击球，结果没中。他毫不犹豫地第二次拿起了球又喊道："我是世界上最好的击球手！"这次他打得更带劲。但又没击中，反而跌了一跤，擦破了皮。男孩第三次站了起来，再次击球。这次准头更差，连球棒也丢了。他望了望球棒道："嘿，你知道吗，我是世界上最伟大的击球手！"

后来，这个男孩果然成了棒球史上罕见的神击手。是自己的赞美给了他力量，是赞美成就了小男孩的梦想。

常给自己鼓掌，善于驾驭自己命运的人，是最幸福的。在生活的道路上，我们必须善于作出抉择：不要总是让别人推着走，不要总是听凭他人摆布，而要勇于驾驭自己的命运，调控自己的情感，做自我的主宰，做命运的主人。

当你遭遇挫折、困难而沮丧，正想放弃你之前所要达到的目标时，如果有一个热情的同伴给你鼓励、给你帮助，你会重新焕发出热情，就像打开一个能量的开关，继续保持前进的信心和毅力。

三只青蛙掉进鲜奶桶中。第一只青蛙说:"这是命,我注定要灭亡在这里了。"于是它盘起后腿,一动不动等待着死亡的降临,这只青蛙最后死了。

第二只青蛙说:"这桶看来太深了,凭我的跳跃能力,是不可能跳出去了。今天死定了。天要亡我啊!"于是,它沉入桶底淹死了。

第三只青蛙打量着四周说:"真是不幸!但我的后腿还有功,我要逃出去,我不会死在这里,外面的世界还很精彩。我要找到垫脚的东西,跳出这可怕的桶!"

于是,这第三只青蛙一边划一边跳,慢慢地,奶在它的搅拌下变成了奶油块,在奶油块的支撑下,这只青蛙奋力一跃,终于跳出了奶桶。正是不放弃希望救了第三只青蛙的命。

《致加西亚的信》的作者哈伯德强调说:"我欣赏的是那些能够自我管理、自我激励的人,他们不管老板是不是在办公室,都能一如既往地勤奋工作,因而他们永远都不可能被解雇。"只有那些永不满足,无论在什么时候都懂得自我激励和激励别人的人,才能最早收获成功。

## 心灵悄悄话
### XIN LING QIAO QIAO HUA

人最怕的就是胡思乱想、自我设置障碍,这不仅会让你失去理智,往往还会使你误入歧途。这种人的结局是悲哀的,因为他们不懂得自我肯定与自我激励,总听天由命,最后苦的还是自己,而结局肯定会比他们想象的还要糟。

# 要执着于梦想

哈佛法学院教授德里克·博克是位非常受人尊敬的人,他是哈佛学子的榜样。他说:"我早已致力于我决心保持的东西。我将沿着自己的路走下去,什么也无法阻止我对它的追求。"伟大的目标产生无穷的精力,把这份精力执着下去,梦想便翩然而至。那些高情商的、成功的人,在他们的内心深处,都有一个坚定的信念。**因为信念是所有奇迹的萌发点,是造就人生奇迹的伟大力量。**

康拉德·希尔顿开始涉足旅馆业时,手头只有5000美元。希尔顿来到了当时因发现石油而聚集了无数冒险家的得克萨斯州。

一天,希尔顿来到马路对面的一家名为"莫布利"的旅馆想住上一晚,谁知旅馆门厅里的人群就像潮水似的争着往柜台挤。希尔顿了解到这家旅馆要出售,他想,他的机会来了。

希尔顿在仔细查阅了莫布利旅馆账簿的基础上,决定买下这家旅馆。经过一番讨价还价,卖主最后同意以4万美元出售。之后,雄心勃勃的希尔顿又与人合伙买下了华斯堡的梅尔巴旅馆、达拉斯的华尔道夫旅馆。希尔顿的旅馆业开始蒸蒸日上。但他并不满足,他决定要建造自己的新旅馆。

1925年8月4日,"达拉斯希尔顿大饭店"终于落成,举行了隆重的揭幕典礼。在阿比林、韦科、马林、普莱思维尤、圣安吉诺和拉伯克等地相继建起了希尔顿饭店。希尔顿的事业越做越大。他成立了希尔顿饭店公司,把所有的连锁店统一起来。他决心向更广阔的世界扩展。

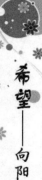

1954年10月,希尔顿创造了他一生中最辉煌的一页,用1.1亿美元的巨资买下了有"世界旅馆皇帝"美称的"斯塔特拉旅馆系列",这是一个拥有10家一流饭店的连锁饭店。这是旅馆业历史上最大的一次兼并,也是当时世界上耗资最大的一宗不动产买卖。

希尔顿终于登上了美国旅馆业大王的宝座。但他没有止步,而是放眼世界旅馆事业,成立了国际希尔顿旅馆有限公司,将他的旅馆王国扩展到世界各地。如今"希尔顿"已遍布全球。希尔顿的事业跃上了新的巅峰,成了世界旅馆之王。

每个奇迹的背后,总是始于一种伟大的信念,一种坚强的意志。或许没有人知道今天的这个想法将会走多远,但是,只要我们放下心头的疑惑,沉下心来坚定自己的信念并且努力付诸行动,那么就一定能够碰触到心中的梦想。**在实现梦想的过程中,我们无法回避挫折,只能面对。只能在挫折中坚持到底,坚定执着梦想,直到击败挫折。**

事情发生在40年前,当时赛尼·史密斯只有6岁。上小学时,有一天,老师玛丽·安小姐给学生们布置作业,让大家说出自己未来的梦想。赛尼一口气就说出两个:一个是拥有一头属于自己的小母牛,另一个是去埃及旅行。当问到一个名叫杰米的男孩时,他一下子没想出自己未来的梦想。所以,杰米用3美分向拥有两个梦想的赛尼买了一个去埃及旅行的梦想。

40年过去了,赛尼·史密斯在商界小有成就。他去过很多地方,但是他从来没有去过埃及。作为一个守信用的人来说,他不能去埃及,因为他已经把这个梦想卖掉了。所以,他决定赎回那个梦想。然而,经联邦法院认定,那个梦想已经价值3000万美元。

买梦想的杰米说:"小时候我是个穷孩子,没有梦想。然而,自从我买到梦想后,我彻底改变了。我的儿子现在斯坦福大学读书,我想也是得益于这个梦想。因为从小我就告诉他,我有一个梦想,那就是去埃及。现在我在芝加哥拥有 6 家超市,总价值超过 2500 万美元。我想,如果我没有那个去埃及旅行的梦想,我是绝对不会拥有这些财富的。"

要花 3000 万美元赎回一个以 3 美分卖出去的梦想,在有些人看来也许没有必要。然而,赛尼·史密斯却发誓说,哪怕花两个 3000 万,也要将那个梦想赎回。因为,现在他才明白,**人的一生中最珍贵的东西就是一梦想。**

美国著名作家杜鲁门·卡波特说:"梦想是心灵的思想,是我们的秘密真情。"梦想有一种巨大的魔力,能够不断召唤着你前进。因此,无论你的梦想怎样模糊,也不管你的梦想看似多么的不可思议,只要你勇敢地听从梦想的召唤,正视它,并坚持不懈地走下去,就能使梦想变成现实。

或许,只要是在那里许愿并执着努力的人都实现了他们的梦想。所以我们要以一份矢志不渝的执着去获得属于自己最幸福的梦想,或许那也同样很辛苦,可是这才是快乐的人生,不管是贫穷还是富裕,找到自己的天空才是幸福的梦想。

执着是一种很好的品质,但有的时候并不一定是好事。有些时候,执着过头了,就会变成固执,无论是做人,还是做事。都要学会理智。因为,我们只有靠理智才会找到方法,才会获得一条捷径。有些时候执着与同执只在一念之间。

**哈佛学者告诫我们:固执地坚守某一样事物,并且不愿有丝毫的改进,往往容易偏离目标,铸成大错。**

做人做事都不可以太固执,应该充分考虑他人的意见,因为没有一个人的思想总是正确无误的。执着地追求某一样东西,是需要智慧的,如果不切实际地坚持一己之见,不接受新事物,也不愿作丝毫的改进,那么,所追求的目标肯定很难实现。

许多人常咬紧"青山"不放松,绝不言放弃,最后却是头破血流、两败俱伤。事实上,换一个角度,找一下方法,将会"柳暗花明义一村"。人们无一例外地被教导过,做事情要有恒心和毅力,比如:"只要努力、再努

力，就可以达到目的。"你如果按照这样的准则做事，你就会不断地遇到挫折和产生负疚感。由于"不惜代价，坚持到底"这一教条的原因，那些中途放弃的人，常常被认为"半途而废"，令周围的人失望。

在美国，有两个贫苦的农夫，每天都要翻过一座大山去耕地，以维持生计，他们很辛苦地生活，每天都在做梦想为有钱人。这个愿望感动了上帝，上帝打算给他们一些意外财富。

有一天他们在回家的路上发现两大包棉花，两人喜出望外，因为在当时，棉花的价格比粮食要高很多，如果将这两包棉花卖掉，足可使家人一个月衣食无忧，他们都喜出望外，认为这是上帝赐福。当下两人各自背了一包棉花，匆匆赶路回家。

走着走着，其中一个农夫看到山路上扔着一大捆布，他在想，会不会又是一袋棉花呢？想到这，他就急迫地走近细看，竟是上等的细麻布，足足有十几匹。他欣喜之余，没想到会有这样的好事儿，都让自己给撞上了，在欢喜之际，他和同伴商量，一同放下背负的棉花，改背麻布回家。

然而他的同伴却有不同的看法，认为自己背着棉花已经走了一大段路。自己已经浪费了很多精力了，都走到这里了，要丢下棉花，岂不枉费自己先前的辛苦，所以他坚持不换麻布。发现麻布的农夫怎么劝，同伴都不听，没办法，他只能自己竭尽所能地背起麻布，继续前行。

又走了一段路后，背麻布的农夫望见林子里闪闪发光，走近一看，地上竟然散落着数坛黄金，我的天哪！心想这下真的发财了，赶忙邀同伴放下肩头的棉花，改为挑黄金。

他同伴仍是不愿丢下，他认为这是执着，并且怀疑那些黄金不是真的，劝他不要白费力气，免得到头来空欢喜一场。

发现黄金的农夫只能自己挑了两坛黄金，和背棉花的伙伴赶路回家。走到山下时，无缘无故下了一场大雨，两人在空旷处被淋了个湿透。更不幸的是，背棉花的农夫背上的大包棉花吸饱了雨水，重得完全无法背动，那农夫不得已，只能丢下一路辛苦舍不得放弃的棉花，空着手和挑金子的同伴回家去了。

坚持是一种良好的品性，可是问题在于，如果这个目标错误，而他仍要奋力向前，而且又自以为自己意志坚定、态度坚决，那么，由此导致的恶劣后果，恐怕比没有目标更为可怕。因为，在错误的道路上，过分坚持会导致更大的错误。成功者的秘诀是随时检视自己的选择是否有偏差，合理地调整目标，放弃无谓的坚持，轻松地走向成功。

我们无法改变生存的外在环境，但是我们可以转换一下自己的思维，适时改变一下思路，只要我们放弃了盲目的执着，选择了理智的改变，就有可能开辟出一条别样的成功之路。世界上没有死胡同，关键就看你如何去寻找出路。有一句话说得好："横切苹果，你就能够看到美丽的星星。"当你在生活中遭遇困境的时候，学着换一种眼光和思维看问题，相信你一定能够化逆境为顺境，化困境为机遇。

其实，有些事情，你虽然付出了很大努力，却发现自己却处于一个进退两难的境地，你所走的路线也许只是一条死胡同。这时候，最明智的办法就是抽身退出，寻找其他的成功机会。

没有果敢的放弃，就没有辉煌的选择。与其苦苦挣扎，撞得头破血流，不如潇洒地挥挥手，勇敢地选择放弃。

法国的一个乡村下了一场非常大的雨，洪水开始淹没全村。一位非常虔诚的神父在教堂里祈祷，眼看洪水已经淹到他跪着的膝盖了。这时，一个救生员驾着舢板船来到教堂，跟神父说："神父，快！赶快上来！不然洪水会把你淹没的！"神父说："不！我要守着我的教堂，我深信上帝会救我的。上帝与我同在！"

过了不久，洪水已经淹过神父的胸口了，神父只好勉强站在祭坛上。这时，一个警察开着快艇过来，跟神父说："神父，快上来！不然你真的会被洪水淹死的！"神父说："不！我要守着我的教堂，我相信上帝一定会来救我。你还是先去救别人好了！"

又过了一会儿,洪水已经把整个教堂淹没了,神父只好紧紧抓着教堂顶端的十字架。一架直升机缓缓飞过来。丢下绳梯之后,飞行员大叫:"神父,快!快上来!这是最后的机会了!"

神父还是意志坚定地说:"不!我要守着我的教堂!上帝会来救我的。"神父刚说完,洪水滚滚而来,固执的神父被淹死了。

有些坚持是正确的,但有些坚持是致命的错误,如故事中的神父一样。固执只会让我们走向痛苦的深渊。在人生的每一个关键时刻,应审慎地运用智慧,作最正确的选择,坚持正确的执着。

**不切实际地一味执着,是一种愚昧与无知,而放弃则是一种智慧。**固执自我是我们迈向成功的绊脚石。我们想要跨越生命中的障碍,达到某种程度的突破,向理想中的目标迈进,需要有"放下自我(执着)"的智慧与勇气,去迈向未知的领域。当环境无法改变的时候,你不妨试着改变自己。因为只有懂得变通,懂得顺应潮流,才能找到一条生存之道。学会转换思维,灵活地跨越生命中的各种障碍,对一个人的成长是至关重要的。

## 心灵悄悄话
### XIN LING QIAO QIAO HUA

执着自己的梦想,因为梦想需要执着来实现。漫漫人生路,不如意者十有八九,怨天尤人无济于事。只有在执着中不断进取,不断超越,才能让我们的人生道路更加宽阔,才能让我们的未来大放异彩。

# 马上行动,才有希望

　　成熟就是在需要行动的时候,立即采取行动。要能下决断,并付诸实行,这才是成功的人应有的表现。当然,我们对问题本身要研究清楚,要由各个角度去看问题,然后,便是采取行动去解决。

　　许多人害怕负起做决断的责任——决定不了要采取什么样的行动。因为他们担心,事情若是不成功,他们便要承担失败的责任。因此,他们尽可能避免负责,如必须要下决定,他们便会陷入忧愁、疑惧、或不知所措。这种焦虑和紧张,往往使身体和精神趋于崩溃。

　　**有一位幽默大师曾说:"每天最大的困难是离开温暖的被窝走到冰冷的房间。"**他说得不错,当你躺在床上认为起床是件不愉快的事时,它就真的变成一件困难的事了。就是这么简单的起床动作,即把棉被掀开,同时把脚伸到地上的自动反应,都是足以击退你的恐惧。凡成功者都不会等到精神好时才去做事,而是督促自己去做事,马上行动,不把问题留到最后。

　　其实,不管是什么事情,最好的行动时机就是现在。今天的想法就在今天来实现,因为明天还有明天的事情、想法和愿望。但是,生活中就有那么一些人,在做事的过程中养成了拖延的习惯,今天的事情不做完,非得留到以后去做。其实,把今日的事情拖到明日去做,是不划算的。有些事情当初做会感到快乐、有趣,如果拖延几个星期再去做,便会感到痛苦、艰辛。而且,时下的经济形势也不容许我们做事拖沓,如果我们把一切事情都拖到明天来完成,那么很快我们就会在工作中被淘汰。所以说,只有行动才能让计划变成现实。

61

安妮是一个可爱的小姑娘,可她有一个坏习惯,那就是她每做一件事时,总是爱让计划停留在口头上,而不是马上行动。

和安妮住在同一个村子里的詹姆森先生有一家水果店,里面出售本地产的草莓之类的水果。一天,詹姆森先生对安妮说:"你想挣点钱吗?""当然想。"她回答。"隔壁卡尔森太太家的牧场里有很多长势很好的黑草莓,他们允许所有人去摘。你去摘了以后把它们都卖给我,1夸脱我给你13美分。"

安妮听到可以挣钱,非常高兴。于是她迅速跑回家,拿上一个篮子,准备马上就去摘草莓。这时,她不由自主地想到,要先算一下采5夸脱草莓可以挣多少钱比较好。于是她拿出一支笔和一块小木板,计算结果是65美分。安妮接着算下去,要是她采了50、100、200夸脱,詹姆森先生会给她多少钱。她将时间花费在这些计算上,已经到了中午吃饭的时间,她只得下午再去采草莓了。

安妮吃过午饭后,急急忙忙地拿起篮子向牧场赶去。而许多男孩子在午饭前就到了那儿,他们快把好的草莓都摘光了。可怜的小安妮最终只采到了1夸脱草莓。回家途中,安妮想起了老师常说的话:"办事得尽早着手,干完后再去想。因为一个实干者胜过一百个空想家。"

**只有行动才能让计划变成现实。成功在于计划,更在于行动;目标再伟大,如果不去落实,永远只能是空想。**

许多人习惯于玩嘴皮子功夫,遇事总是说说而已,毫无行动,这种人最终只会浑浑噩噩,一事无成。曾有人这样计算,人生如果以70年寿命来算,除去少不更事和老不方便的10年,也不过2万余天,再除去睡眠的 $1/4 \sim 1/3$ 时间,剩下的时间真可说是一寸光阴一寸金。所以还是把那些有意义的事抓紧列出来,赶快去做,而不只是停留在嘴皮子上。

人的行动动力基本上源于两点:对快乐的追求和对痛苦的逃避,而后者的力量往往更大。有的人不能化"心动"为"行动"也往往源于两个原因,要么是对快乐的渴望不够强烈,要么是对痛苦的滋味心有余悸。

生活也是这样,有人之所以还仅仅只是在"想"成功,却没有行动起来,是因为他还可以安于现状,现状还没把他逼上绝路。所以艰难困苦容易造就成功,也是这个道理。因此,我们应该认识到现状的某种危机,应该正视面临的困境,这有助于我们积极地、坚定地付诸行动。看到机遇就应该在第一时间行动起来把它紧紧地抓在手里,接到工作就应该争取在第一时间行动起来,争取在第一时间把问题圆满解决好。

为了养成行动的好习惯,你可以遵照以下两点去做。

**用自动反应去完成简单的、烦人的杂务。**不要想它烦人的一面,什么都不想就直接投入,一眨眼就完成了。

**把你的想法写到纸上。**当想法写在纸上时,你的注意力就会集中在上面,你的潜能也会因此而发掘出来。因为我们无法一心二用,何况你在纸上写东西时,也会同时将它写在心里。如果把相关的想法同时写出来,就可以记得更久,记得更准确,这是许多实验已经证实并得出的结论。一旦养成这个习惯,你的思想就会促使你行动,你的行动就会引发新的行动。

## 心灵悄悄话
### XIN LING QIAO QIAO HUA

第二篇 希望的力量

　　现代是一个讲究效率的时代,在信息瞬息万变的现代社会中,存在着很多不确定因素,稍有迟疑,就可能使原来非常精妙的构思在一夜之间变得一文不值。

# 有自信才有希望

如果你认为自己是一棵小草,那你就是小草;如果你认为自己是一棵大树,你便真的成了一棵大树。

在现实中,总有这样的一些人:他们不管做什么事,都爱说"我不行",或者是经常在内心质疑自己是否真的行,他们总是一副垂头丧气的样子,周围的人看到他们这样,都恨不得一棒子把他们打醒。

**其实自信是一种精神状态,只有自信,才能真正发挥出自己的真实水平,有时候甚至可以激发出自己的潜能,从而使自己成为一个成功的人。**

马斯洛的层次需要理论中的最高阶段的需要即为自我实现的需要。当一个人对需求到达了自我实现的层次,就意味着他与成功仅仅是一步之遥了。

1862 年 9 月,美国总统林肯发表了将于次年 1 月 1 日生效的《解放黑奴宣言》。

在 1865 年,美国南北战争结束后,一位记者去采访林肯。他问:"据我所知,上两届总统都曾想过废除黑奴制,《解放黑奴宣言》也早在那时就起草好了。可是他们都没有签署它。他们是不是想把这一伟业留给您去成就英名?"林肯回答:"可能吧。不过。如果他们知道拿起笔需要的仅是一点勇气,我想他们一定非常懊丧。"林肯说完匆匆走了。

**许多成功就来源于自身。从来没有人告诉过你,你这样做就是对的,也从来没有人说你这样做就能实现你的理想、你的梦。然而,所有境遇中的一切都是由你把握主宰的,因为只有你相信自己,相信自己能行,你才**

能坚持下去,而坚持不懈就能到达成功的彼岸。

那位记者一直没弄明白林肯这番话的含义。直到1914年林肯去世50年后,记者才在林肯留下的一封信里找到了答案。在这封信里,林肯讲述了自己幼年时的一件事:

我父亲以较低的价格买下了西雅图的一处农场,地上有很多石头。有一天,母亲建议把石头搬走。父亲说,如果可以搬走的话,原来的农场主早就搬走了,也不会把地卖给我们了。那些石头都是一座座小山头,与大山连着。

有一年父亲进城买马,母亲带我们在农场劳动。母亲说,让我们把这些碍事的石头搬走,好吗? 于是我们开始挖那一块块石头,不长时间就搬走了。因为它们并不是父亲想象的小山头,而是一块块孤零零的石块,只要往下挖一英尺,就可以把它们晃动。

林肯在信的末尾说:有些事人们之所以不去做,只是他们认为不可能。而许多不可能,只存在于人的想象之中。

林肯的这个故事告诉我们,有的人之所以不去做或做不成某些事,不是因为他没这个能力,也不是客观条件限制,而是他内心的自我想象首先限制了他,他被自己打败了。

其实在我们的身边,这样的事情也是时常发生的。我们常常会觉得自己没有能力而放弃某件事情,而实际上我们是有能力完成这件事的,自信心不但可以使我们正常发挥我们的能力,有时候还可以挖掘出来我们的潜能,使我们走向人生的另一个高峰。

有一个法国人,42岁时,仍一事无成。他也认为自己简直倒霉透了:离婚、破产、失业……他不知道自己生存的价值和人生的意义。他对自己非常不满,变得古怪、易怒,同时又十分脆弱。

有一天,一个吉卜赛人在街头算命,他随意一试。吉卜赛人看过他的手相之后,说:"您是一个伟人,您很了不起!"

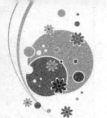

"什么?"他大吃一惊,"我是个伟人,你不是在开玩笑吧?"

吉卜赛人平静地说:"您知道您是谁吗?"

"我是谁?"他暗想,我是个倒霉鬼,是个穷光蛋,我是个被生活抛弃的人。但他仍然故作镇静地问:"那您说我是谁呢?"

"您是伟人,"吉卜赛人说,"您知道吗? 您是拿破仑转世! 您身体里流的血、您的勇气和智慧,都是拿破仑的啊! 先生,难道您真的没有发觉,您的面貌也很像拿破仑吗?"

"不会吧……"他迟疑地说,"我离婚了,破产了,失业了,我几乎无家可归……"

"那是您的过去,"吉卜赛人说,"您的未来可不得了! 如果您不相信,就不用付钱给我了。不过,5 年后,您将是法国最成功的人! 因为,您就是拿破仑的化身!"

他表面装作极不相信地离开了,但心里却有了一种从未有过的美妙感觉。他对自己充满了信心,觉得自己也能成为像拿破仑那样伟大的人。他开始自己创业,不管境况多么艰难,他都一直记得那个吉卜赛人的话,因此,在自信中,他克服了无数的困难。渐渐地,他发现,周围的环境开始改变了,朋友、家、同事、老板,都换了另一种眼光看待他;事业开始顺利起来。后来,他才领悟到,其实一切都没有变,是自己变自信了,而其他的一切都是由他的自信带来的。

13 年以后,也就是在他 55 岁的时候,他成了亿万富翁,成了法国赫赫有名的成功人士。

上文中的吉卜赛人的高明之处就在于唤醒了这个法国人的自信,从而使他对自己的能力充满了信心,并最终取得了成功。

可见,**自信心对一个人的生活有着相当重要的作用**。美国发明家爱迪生在介绍他的成功经验时说:"什么是成功的秘诀,很简单,无论何时,不管怎样,我也绝不允许自己有一点点灰心丧气。"一句话道出了自信在成功中的重要性。事实也确实如此,自信不但可以支持强者渡过难关,还可以帮助弱者赢得成功。所以我们每一个人都要向那些高智商的成功人士学习,对自己充满信心,保持热情与活力,只有这样,我们才会像他们那样有所成就。

每个人都是自己成功人生的缔造者。在一个人的一生中,能力并不是决定成败的关键因素。只有内心相信自己很优秀,才能够走出成功人生的第一步。所以,哈佛的学子们从迈入哈佛校园的那一天起,他们就把自己当成了未来的冠军,也正是因为这份信心,使他们在人生的道路上把握住了一次又一次的机会。

**许多成功的人士,往往也是那些相信自己的人,他们因为相信自己,所以才能把握一切机会。**

哈佛医学院的一位著名教授曾遇到过一个名叫威尔逊的人。威尔逊在创业之初,全部家当只有一台分期付款赊来的爆米花机,价值50美元。第二次世界大战结束后,威尔逊做生意赚了点钱,便决定从事地皮生意。如果说这是威尔逊的成功目标,那么,这一目标的确定,就是基于他对自己的市场需求预测充满信心。当时,在美国从事地皮生意的人并不多,因为战后人们一般都比较穷,买地皮修房子、建商店、盖厂房的人很少,地皮的价格也很低。当亲朋好友听说威尔逊要做地皮生意时,异口同声地反对。

而威尔逊却坚持己见,他认为反对他的人目光短浅。他认为虽然连年的战争使美国的经济很不景气,但美国是战胜国,它的经济会很快进入大发展时期。到那时买地皮的人一定会增多,地皮的价格会暴涨。

于是,威尔逊用手头的全部资金再加一部分贷款在市郊买下很大的一片荒地。这片土地由于地势低洼,不适宜耕种,所以很少有人问津。可是威尔逊亲自观察了以后,还是决定买下这片土地。他的预测是:美国经济会很快繁荣,城市人口会日益增多,市区将会不断扩大,必然向郊区延伸。在不远的将来,这片土地一定会变成黄金地段。

后来的事实正如威尔逊所料。不出3年,城市人口剧增,市区迅速发

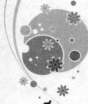

展，大马路一直修到威尔逊买的土地的边上。这时，人们才发现，这片土地周围风景宜人，是人们夏日避暑的好地方。于是，这片土地价格倍增，许多商人竞相出高价购买，但威尔逊不为眼前的利益所惑，他还有更长远的打算。后来，威尔逊在自己这片土地上盖起了一座汽车旅馆，命名为"假日旅馆"。由于它的地理位置好，舒适方便，开业后，顾客盈门，生意非常兴隆。从此以后，威尔逊的生意越做越大，他的假日旅馆逐步遍及世界各地。

由此可见只有自信的人才能把握住机会，才有勇气做出别人想都不敢想的事情。**很多情商高的人也都像威尔逊那样是充满自信的人。**

自信是引导生命的一盏明灯，一个人没有自信，只能脆弱地活着，甚至会把到手的机会让给别人；而自信的人往往因为他们自信的惊人力量，从而把握住一个又一个的机会，并走向成功。

## 心灵悄悄话
XIN LING QIAO QIAO HUA

　　自信是一个人成功的开始。自信的人相信自己，并会为此付出不懈的努力。你可以仰慕别人，但是绝对不能忽略了自己；你可以相信别人，但最应该相信的人就是你自己。

# 第三篇　打开希望的天窗

坏的习惯必须打破，好的习惯必须加以培养，然后我们才能希望我们的举止能够坚定不移始终如一地正确。希望是永远达不到的，因此，人才追求希望。乐观是希望的明灯，它指引着你从危险峡谷中步向坦途，使你得到新的生命、新的希望，支持着你的理想永不泯灭。

自古以来，那些成功的佼佼者并非一开始就是成功的，他们大多是从失败的阴影中走出来，依靠坚韧不拔的精神和"善于见风使舵"的努力，最后获得丰硕的甜果。只要脚踏实地，坚持不懈地努力追求，还是能改变这随机的概率。要知道，锲而不舍，金石可镂。

# 成功住在失败隔壁

很多人与成功失之交臂，就是没有到"隔壁"的屋子里看一看。

我认为，人的一生中，暂时的两手空空并不可怕，可怕的是头脑空，思想空；同时，我觉得虽然失败会带来不愉快、压抑的感觉，但也是我们人类的朋友。

失败是我们一生的功课。

**要想成功，你首先要学会面对失败。**

所谓的失败，就是暂时的耽误，暂时的挫折，或者说是暂时走了弯路。如果我们每一个人都能从失败中吸取教训的话，那么这失败就有其价值，因为几乎所有的成功都经历过失败，失败对于我们来说，是一种更明智的开始，失败会告诉我们：

该如何获得成功，所以我们很乐于从失败中学习。

世界上，就是因为有许多的失败存在，所以我们每个人才更加顽强地拼搏着、生活着，失败是我们获得成功的基础，我们要不断奋进，尽管奋进的过程中还伴随着失败，但失败是组成个人经历的重要部分。

我们每个人都追求成功，所谓的成功，就是战胜自己、超越自己、自我提升的一个过程。

这个过程的实质是个人潜能的挖掘。如果一个人不怕失败，总是处于奋斗之中，那么他的成功将无可估量。

我觉得，懂得面对失败的人，才会迈向成功。

1958 年，有一个叫富兰克·卡纳利的人，在自家的杂货店对面开了一个比萨饼屋，为的是能够通过经营这个比萨饼屋，筹措到他上大学的学

费。连他自己也想不到的是，19 年后，他的比萨饼屋已经在各国开到了 3100 家，成了一个跨国连锁企业，总值达到 3 亿多美元。这 3100 家连锁店就是赫赫有名的必胜客。

若干年后，卡纳利在回顾他的连锁店是如何发展起来的时候说："你必须学习失败。"他说，"我做过的行业不下 50 种，这中间只有 15 种做得还算不错，表示我有 30% 的成功率。"对此，卡纳利认为，你必须出击，尤其是在失败之后更要出击。你根本不能确定你什么时候会成功，所以你必须先学会失败。"

**先学会失败。并不是说，你在屡战屡败后仍然去屡败屡战，而是要从失败发生的原因中找出可资借鉴的经验。**卡纳利在俄克拉马（地名）的分店经营失败后，他发现，之所以失败，是因为分店的地点与店面的装潢导致的。

于是，他知道了经营比萨饼店时选择分店的地点与店面装潢的重要；在纽约的销售失败后，他改进比萨饼的硬度，做出了适合当地人的另一种硬度的比萨饼；当地方风味的比萨饼在市场上出现，对他的经营形成冲击的时候，他另辟蹊径，向大众介绍并推出了芝加哥风味的比萨饼。

就是这样，卡纳利经过无数次的失败，和在无数次的失败后把失败的教训转化为成功的基础上，才使"必胜客"成了人们每每谈论成功经典时的话题。

日本成功企业家松下也同样认为："面对挫折，不要失望，要拿出勇气来！扎扎实实地坚持向既定的目标前进，自然会有办法出现。"他还认为，"一个人如果能够心无旁骛，专心致志……保持精神的沉静和坚定，不因一时的小挫折而丧失斗志，如此，世间是没有什么事情办不成的。"

成功住在失败隔壁。

一个寻找成功的人急切地敲打着一扇神秘的门。

门开了，"我找成功，"该人仍旧急切地问。

"您找错了，我是失败。"门里的人"砰"的一声把门关上。

寻找成功的人只好继续寻找，他蹚过很多条河，翻过很多座山，可迟迟找不到成功。后来他想,成功与失败既是一对冤家,那说不定失败知道成功在哪儿。

于是他重新找到失败,失败却说:"我也正要找它呢。"说罢又关上了门,这人不死心,又继续敲开了失败的门,可失败留给他的仍是一副冰冷的面孔。

就在这人近乎绝望地在失败门口徘徊的时候,不断的敲门声吵醒了失败的邻居,随着"吱呀"的一声轻响,这人回头一看,天啊,这不正是成功吗?

为成功而前行,就像去一个遥远的圣地,道路崎岖而漫长,可你千万不能半路放弃。也许我们曾经有过这样的经历:你在等一个人,等得不耐烦就走了,你前脚走,他后脚到。事后,你又懊悔怎么没多等一会儿。同样,追求成功,却半路放弃,也许成功就在几步之外。

自古以来,那些成功的佼佼者并非一开始就是成功的,他们大多是从失败的阴影中走出来,依靠坚韧不拔的精神和"善于见风使舵"的努力,最后获得丰硕的甜果。被称为"海洋工程巨头"的章立人,就是这方面的典范。

章立人 1944 年出生于南非,1949 年随作为退休教师的父亲移民新加坡,在新加坡读完中学后,赴英国上大学,攻读机电工程专业。1965 年学成后返回新加坡,进了一家公司任推销员。为了使自己在"极有吸引力,随时都在变化"的工商界中熟悉各方面的情况,并取得经验,他先后在航运和石油等方面的 5 家公司任职,差不多平均一年更换一家公司。

开端良好,路子也看得准,这并不等于用不着艰苦创业就可坐享其成。他在公司创办初期,承揽了一项大型打捞工程。

可是偏偏就在这时,一家竞争对手把他雇用的经理和职员给挖走了。这对章立人来说无疑是一个沉重的打击。但章立人硬是有一种不屈的精神,他说:"我从来没有想到洗手不干","我沉住气,没有他们我也能把工作完成。"经过这次打击,他得到了关于做生意方面职员忠心问题的严厉教训。

依靠这种坚韧精神,章立人的事业渐渐有了眉目,除普密特公司的原有业务有一定进展外,他又在格隆工业镇的港口地区开办了船舶制造厂。然而好景不长,章立人又一次遭到新的打击:1974年爆发了世界范围的石油危机,石油运输及加工业一落千丈,普密特公司生产也随之萧条。他心急火燎地跑到中东去兜揽生意,结果收效甚微,一年之间他只卖出2艘小拖船和一艘驳船,获利微薄。面对困境,章立人仍然告诫自己"沉住气",从来没想到洗手不干。

终于,老天有眼! 命运之神总是青睐那些坚韧不屈的人。

两年后,中东石油市场又一次兴旺起来,沙特阿拉伯和巴林群岛的港口应接不暇,货船要等上3个月才能靠上码头装卸,损失巨大。在建造新码头的招标中,章立人靠技术新、效率高、成本低等条件,轻而易举地压倒了所有的竞争对手。别的公司一般需要3000万美元,用一年时间建造一个码头,而章立人则采取新加坡预先建造钢铁码头,然后拖到中东的办法,既缩短了工期,又节约了工程支出,造价还不足1500万美元。结果,两份工程都提早完工并验收合格。于是,章立人的普密特公司名声大振,生意合同纷至沓来,相继完成了阿布扎比、沙加、杜邦的疏浚工程、建造工程等等。

1977年,普密特公司的营业额达7000万新币。1979年,普密特公司只用了5个月时间,就为马来西亚的沙捞越建成有108个房间的阿萝拉海滩旅馆。对此,马来西亚政府十分赞赏,又让章立人扩建首都吉隆坡的萨帮机场。这一次,章立人比预订计划提前了近一半的时间,高质量地完成了工程。又一次为自己的公司壮大了声威。

当然,章立人的成功,不仅仅靠一种坚韧不拔的精神,他还非常善于见风使舵地确定自己的发展策略。1973年,章立人为了筹措发展资金,毅然把普密特公司40%的股份卖给称雄香港多年并在国际市场经销中有一定影响的怡和集团,后来又增至80%。1979年,他看到东南亚石油勘探业的发展,便果断地收回卖给怡和的股份,将26%的股份权卖给称雄世界的建筑及机械工业界的西德罗斯塔尔公司,使普密特公司获取了先进的工业技术。翌年又将股权买回，转而与拥有建造油井钻台先进技术的美国贝克海洋工程公司合作。仅 80 年代初期，他们就合作制造了 9 座海上油井钻台。

章立人的成功经历告诉人们，**勇于面对失败，善于解决矛盾，则无往而不胜**。

在同一个地方摔倒是有些悲哀的。

小朋高考又一次名落孙山。而他仍不以为然地说："没事儿，失败乃成功之母嘛！拥有失败才拥有成功嘛！"是的，人的一生坎坷不平，且布满荆棘，走过时不免会摔跤。有的人说："一千次跌倒，一千零一次爬起。"勇气可贵，值得赞扬。但并不是任何一次失败都意味着下一次的成功。一位学者总结自己的教学经验体会时，写下这样的话："诚然，失败乃成功之母，但出自同一种模式的第二次、第三次失败不能说不是一种悲哀。"

像小朋同学一样，每次失败都是因为同一个原因，自己却没有克服它的想法，难道下次就能成功吗？

我们先来看看伟人在这方面是怎样做的，毛泽东主席领导的革命道路是曲折不平的，也经历了严峻的考验，但是最终还是获得胜利。其原因是毛泽东主席及其领导下的革命队伍，在失败面前不低头，认真分析原因，总结教训，并没有在同一个地方摔倒过。

试想，如果失败后不认真分析原因，总结经验教训，怎么会不犯类似的错误呢？怎能取得成功？

人生之路坎坷不平，且布满荆棘。我们不怕跌倒，而怕出自同一种原因的跌倒。我们不怕跌倒，也不怕任何困难，只有认真吸取教训，勇敢地向前行进，才有可能到达成功的彼岸。

为成功而前行，就像去一个遥远的圣地，道路崎岖而漫长，可你千万不能半路放弃。也许我们曾经有过这样的经历：你在等一个人，等得不耐烦就走了，你前脚走，他后脚到。事后，你又懊悔怎么没多等一会儿。同样，追求成功，却半路放弃，也许成功就在几步之外。

要想成功，机遇也很重要，虽然它在很大程度上带有随意性。可没有谁注定"天庭饱满"，也没有谁注定"总走背运"，只要脚踏实地，坚持不懈地努力追求，还是能改变这随机的概率。要知道，锲而不舍，金石可镂。

在生活中，失败是不可避免的，关键是看你能不能把握自己，使自己的心理承受力逐渐增强。面对学习上的种种失败，生活中的种种不如意，我们可以痛苦，但不能失去信心。

## 心灵悄悄话
### XIN LING QIAO QIAO HUA

一个人要想成功，除了要依赖他的知识、能力以及机遇，还必须要求他具备一种优秀品格，那就是坚韧不拔的精神。

# 爬起来就有希望

无论面对什么情况,成功者都显示出创业的勇气和坚持下去的毅力。他们以一种大无畏的开拓精神,稳步前进在崭新的道路上,在困难面前泰然处之,坚定不移。

**成功者和失败者都有自己的"白日梦"。不过,失败者常常是虽祈望得到名声和荣誉,却从不真正为此做任何事情,只好在想入非非中度过一生。成功者则注重实效。**当他们决心把自己的希望和抱负变成现实的时候,即使在重重摔倒以后,总是有理由坚强地站起来,他们从来没有被暂时的挫折所击倒,而是勉励自己采取行动,向着目标奋勇攀登。

成功者总是年复一年地致力于某件事,以求得一条最合理的最实际的前进之路。无论面对什么情况,成功者都显示出创业的勇气和坚持下去的毅力。他们以一种大无畏的开拓精神,稳步前进在崭新的道路上,在困难面前泰然处之,坚定不移。

成功者共有的一个重要的品质就是在失败和挫折面前,仍然充分相信自己的能力,而不是考虑别人可能会说什么。考察一下一些知名人物的早年生活,就会发现他们中的一些人曾痛苦地遭到老师和同事的阻拦和泼冷水,而反对的焦点却恰恰是后来他们出类拔萃的方面。人们断言他绝对办不成想干的事,或者说他根本不具备必要的条件。但他们不听这一套!坚定地按照自己的信念干下去。

伍迪·艾伦,奥斯卡最佳编剧、最佳制片人、最佳导演、最佳男演员金像奖获得者,在大学连英语也不及格。

马尔科姆·福布斯,世界最大的商业出版物之一《福布斯杂志》的主

编,却没能当上普林斯顿大学校刊编辑。

利昂·尤利斯,作家、学者、哲学家,却曾三次没有通过中学的英文考试。

利文·尤里曼,两次被提名为奥斯卡金像奖最佳女演员的候选人,当年投考戏剧学院时,却没入选,主考人认为她没有表演才能。

理查德·L.马尼博士,神经放射学专家,在医学院一年级时,神经解剖学不及格。

滑雪教练员彼得·赛伯特首次透露他将开创一个新的项目时,大家都认为这简直是天方夜谭。站在科罗拉多大峡谷的一个山顶,赛怕特表述了那个从12岁就伴随他的梦想,开始向世人认为不可能的事情进行挑战。赛伯特的梦想——高台跳雪——现在已经成为现实。

年轻的伊内蒂·比萨刚从按摩学校毕业后想在加利福尼亚州美丽的蒙特雷地区见习接诊。当地的按摩机构告知他该地按摩师为数众多,但却没有那么多的病人。于是在4个月中,比萨每天用10个小时挨家挨户地毛遂自荐,上门服务。他总共敲响了12500扇门,和6500个人交谈并邀请他们到他未来的诊所就医。作为对他的毅力和诚挚的回报,在接诊的第一个月,他就医治了233名病人,并创下了当月收入72000美元的记录。

开张的第一年,可口可乐公司仅售出了400瓶可口可乐。

超级球星迈克尔·乔丹曾被所在的中学篮球队除名。

瓦尼·格林斯基17岁时是一名出色的运动员。他想从事足球或冰球以出人头地。他最初爱好冰球,但是当他努力训练时,他被告知体重不够。172磅是标准体重,而他只有120多磅,会在冰场淘汰的。

赛拉·霍兹沃斯10岁时双目失明,但她却成为世界上著名的登山运动员。1981年她登上了瑞纳雪峰。

瑞弗·约翰逊,十项全能的冠军,有一只脚先天畸形。

赛乌斯博士的处女作《想想我在桑树街看到的》曾被27个出版商拒绝。第二十八家出版社——文戈出版社,出版了该书并售出600万册。

里查德·贝奇只上了一年大学,之后接受喷气式战斗机飞行员的培训。20 个月后他羽翼初丰,却辞了职。后来他在一份航空杂志社任编辑,旋即破产。失败接踵而至。当他写出《美国佬生活中的海鸥》一书时,他仍然觉得前途未卜。书稿搁置 8 年之久——其间被 18 家出版社拒之门外。然而出版之后即被译成多国文字,销量达 700 万册。里查德·贝奇也因此成为享有世界声誉的受人尊重的作家。

　　作家威廉姆斯·肯尼迪曾著作多篇,但均遭出版商冷遇。直至他的《铁人》一书才一举成名。然而就是该书也曾被 13 家出版社拒之门外。

　　《心灵鸡汤》在海尔斯传播公司受理出版之前也曾遭 33 家出版社的拒绝。全纽约主要的出版商都说:“书确实好得很。”

　　“但没有人爱读这么短的小故事。”然而现在《心灵鸡汤》系列在世界范围内售出了 1700 万册,并被移译成 20 种文字。

　　1935 年,《纽约先驱论坛报》发表的一篇书评把乔治·格斯文的经典之作《鲍盖与贝思》评论为“地道的激情的垃圾。”

　　1902 年,《亚特兰蒂克月刊》诗歌版编辑退还了一位 28 岁诗人的作品,退稿上写:“我们的杂志容不下你如此热情洋溢的诗篇。”那个 28 岁的诗人叫罗伯特·普罗斯特。

　　1889 年,罗迪亚德·开普林收到了圣佛朗西斯科考试中心的如下拒绝信:“很遗憾,开普林先生,但你确实不懂得如何使用英语这种语言。”

　　当艾利斯·赫利还是一个尚未成名的文学青年时,在 4 年中他每周都能收到一封退稿信。后来艾利斯几欲停止写作《根》这部著作,并自暴自弃。如此 9 年,他感到自己壮志难酬,于是准备跳海,了其一生。当他站在船尾,看着波浪滔滔,正欲跳海,忽然他听到所有的先人都在呼唤:“你要做你该做的,因为现在他们都在天国凝视着你,切勿放弃! 你能胜任,我们期盼着你!”在以后的几周里,《根》的最后部分终于完成了。

　　约翰·班扬因其宗教观点而被关入贝德福监狱。在那里他写出《无路历程》;雷利爵士在身陷囹圄的 13 年中写出了《世界历史》;马丁·路德被羁押在瓦尔特堡时译出了《圣经》。

希望——
向阳花木易为春

托马斯·卡莱尔的《法兰西革命》一书的手稿被朋友的仆人不慎当成了引火之物，然而卡莱尔只是平静地从头又写出一部《法兰西革命》。

这些有名的成功者并没被挫折、失败吓倒，也没有听从别人好意然而却是消极的劝告。相反地，他们重新考虑那些权威们下的结论，并否定了这些结论。他们勇敢地冒险前进。

大约二千年前，古希腊哲学家苏格拉底曾忠告我们：对于长期以来形成的思想方法和生活方式，在接受它们之前先予以重新思考，这是成熟的一个必备品质。

## 心灵悄悄话
### XIN LING QIAO QIAO HUA

成功者敢于向那些权威偶像、那些僵化的教条提出疑问。他们创造性的想象力和勇气给了他们自由，可以无所畏惧地开创新路，使自己达到更高的层次。他们不受那些他们的师长和朋友所盲目遵从的规范的束缚。

# 成功与失败的区别

成功者与失败者并没有多大的区别，只不过是失败者走了 99 步，而成功者走了 100 步。失败者跌下去的次数比成功者多一次，成功者站起来的次数比失败者多一次。当你走了一千步时，也有可能遭到失败，但成功却往往躲在拐角弯后面，除非你拐了弯，否则你永远不可能成功。

桑德斯上校是"肯德基炸鸡"连锁店的创办人。他于年龄高达 65 五岁时才开始从事这个事业。当时他身无分文且孑然一身，当他拿到生平第一张救济金支票时，金额只有 105 美元，内心实在是极度沮丧。他不怪这个社会，也未写信去骂国会，仅是心平气和地自问这句话："到底我对人们能做出何种贡献呢？我有什么可以回馈的呢？"随之，他便思量起自己的所有，试图找出可为之处。头一个浮上他心头的答案是："很好，我拥有一份人人都会喜欢的炸鸡秘方，不知道餐馆要不要？我这么做是否划算？"随即他又想到："要是我不仅卖这份炸鸡秘方，同时还教他们怎样才能炸得好，这会怎么样呢？如果餐馆的生意因此而提升的话，那又该如何呢？如果上门的顾客增加，且指名要点炸鸡，或许餐馆会让我从其中提成也说不定。"

随之他便开始挨家挨户地敲门，把想法告诉每家餐馆："我有一份上好的炸鸡秘方，如果你能采用，相信生意一定能够提升，而我希望能从增加的营业额里提成。"很多人都当面嘲笑他："得了罢，老家伙，若是有这么好的秘方，你干嘛还穿着这么可笑的白色服装？"

这些话是否让桑德斯上校打退堂鼓呢？不能说丝毫没有，他还是坚持了下来。他想：**在你每当做什么事时，必得从其中好好学习，找出下次**

81

第三篇 打开希望的天窗

**能做得更好的方法。桑德斯上校没有因为前一家餐馆的拒绝而懊恼,反倒用心修正说词,以更有效的方法去说服下一家餐馆。**

一位成功推销大师,即将告别他的推销生涯,应邀到一个体育馆做告别职业生涯的演说。

那天,会场座无虚席,人们在热切地、焦急地等待着。当大幕徐徐拉开,舞台的正中央吊着一个巨大的铁球。为了这个铁球,台上搭起了高大的铁架。

一位老者在人们热烈的掌声中走了出来。

人们惊奇地望着他,不知道他要做出什么举动。

这时两位工作人员,抬着一个大铁锤,放在老者的面前。主持人这时对观众讲:请两位身体强壮的人,到台上来。好多年轻人站起来,转眼间已有两名动作快的跑到台上。

老人这时开口和他们讲规则,请他们用这个大铁锤,去敲打那个吊着的铁球,直到把它荡起来。

**一个年轻人抢着拿起铁锤,拉开架势,抡起大锤,全力向那吊着的铁球砸去,一声震耳的响声,那吊球动也没动。他就用大铁锤接二连三地砸向吊球,很快他就气喘吁吁。**

另一个人也不示弱,接过大铁锤把吊球打得叮当响,可是铁球仍旧一动不动。

台下逐渐没了呐喊声,观众好像认定那是没用的,就等着老人做出什么解释。

老人从上衣口袋里掏出一个小锤,然后认真地面对着那个巨大的铁球。他用小锤对着铁球"咚"地敲了一下,然后停顿一下,再一次用小锤"咚"敲了一下。人们奇怪地看着,老人就那样"咚"敲一下,然后停顿一下,就这样持续地做。

10分钟过去了,20分钟过去了,会场早已开始骚动,有的人干脆叫骂起来,人们用各种声音和动作发泄着他们的不满。

老人仍然一小锤一小锤不停地敲着,他好像根本没有听见人们在喊叫什么。人们开始愤然离去,会场上出现了大块大块的空缺。留下来的人们好像也喊累了,会场渐渐地安静下来。

大概在老人进行到四十分钟的时候,坐在前面的一个妇女突然尖叫一声:"球动了!"霎时间会场立即鸦雀无声,人们聚精会神地看着那个铁球。那球以很小的幅度动了起来,不仔细看很难察觉。老人仍旧一小锤一小锤地敲着,人们好像都听到了那小锤敲打吊球的声响。吊球在老人一锤一锤的敲打中越荡越高,它拉动着那个铁架子"咣、咣"作响,它的巨大威力强烈地震撼着在场的每一个人。终于场上爆发出一阵阵热烈的掌声,在掌声中,老人转过身来,慢慢地把那把小锤揣进兜里。

老人开口讲话了,他只说了一句话:**在成功的道路上,你没有耐心去等待成功的到来,那么,你只好用一生的耐心去面对失败。**

## 心灵悄悄话
### XIN LING QIAO QIAO HUA

当你走了一千步时,也有可能遭到失败,但成功却往往躲在拐角弯后面,除非你拐了弯,否则你永远不可能成功。即使失败以后,要想成功,你还是要不断地重复做一件事情。

第三篇 打开希望的天窗

# 坚守你的高贵

一个人就是一间小屋。当你觉得形单影只，无人陪伴时；当你觉得心情苦闷，无处诉说时；当你做一件事情独力难支，却又孤立无援时，那么，是不是你可怜的小屋封闭得太久了，与世隔绝得太远了。那么，请打开你的心窗。

打开心窗，鼓足勇气，向别人道一声"你好！"给别人一个浅浅的微笑；

打开心窗，拿出坦荡，向别人道一声"抱歉！"给别人赔一个"不是"；

打开心窗，显示真诚，说一句"请帮我一把！"向别人伸出求援之手。

一个年轻人，决心以写作为职业，一直孜孜以求。但在相当长的时间内却没有写出令人满意的作品，为债务所困，几乎穷困潦倒。但尽管如此，为了使作品臻于完美，他总是一遍遍地修改。一次，在小说付印前一刻，他还要求出版商等一等，说某些地方得改动。

出版商不同意，因为这会增加他的成本。但年轻人却坚决要求修改。出版商恼怒了："如果你愿意损失稿费的话，你就可以改！"如果换了一般人，就会妥协，但年轻人却毫不犹豫地放弃了一半稿费，将那部小说进行了修改。正是这种兢兢业业、一丝不苟的精神，他的作品越写越好，最终成了一个伟大的作家。他就是大名鼎鼎的、19世纪法国伟大的批判现实主义作家巴尔扎克，一个堪比拿破仑"用笔完成他用剑所未能完成的事业"的杰出作家。

有一位建筑设计师，为一家大公司做建筑设计。公司对他的设计方案不满，要求改变一些细节。而在设计师看来，这些改变会影响整座建筑的审美取向,不同意改动。但公司是买主,决意要改动。公司对设计方案的评判直接关系到设计师的报酬。但设计师竟然坚持己见,不买账。公司很恼火,威胁他:如果不改变,我们有权终止合同!设计师说:我宁愿带着自己的才华回家睡觉,也不会将平庸的思想安插进我的设计蓝图……

这个设计师就是贝聿铭。在他驰名世界后,他曾经为北京香山一处建筑做规划设计。但是,施工者并没有严格按照贝聿铭的蓝图去做,而将建筑大门前的小广场按自己的"感觉"另行安排。贝聿铭发现后痛心疾首,从此再也没有去过那里。

至今,那座建筑也没有因设计师是贝聿铭而辉煌,因为它不像是大师的作品。也正因为贝聿铭遵循自己的设计理念和艺术风格,不为利益所左右,心无旁骛,一路走来,终成世界顶级设计大师。

**坚守你的高贵,做你自己,你将作别平庸与委琐,成就非凡与卓越。**

自信是灵魂的钙质,人生的脊梁。自信,可以使人振奋精神,无所畏惧,勇往直前,在生活的舞台上,展现自我,精彩亮相,创造出人生的奇迹。

一个十六七岁的少年,从繁华的大上海"插队"到吉林省延吉市三道湾镇东沟村。春天铲地,头上包着纱布还被蚊子叮得满头冒火;夏天种谷子,蹲着跪着爬着,一头汗,满脸泥;采石头,把绳子拴在腰间,从山上吊下去,用钢棍把石头撬下来……这位上海少年插队6年半,几乎干过所有的农活:锄地、扶犁、赶马车……

1974年,吃苦耐劳的他被乡亲们选为生产队长。他问党支部书记:"我爸妈都是反革命,铁案,你知道吗?"党支书回答:"支部早就知道,重用你是因为你干得好,群众的眼睛是雪亮的。别耷拉脑袋,不定哪天,你爸妈又成了功臣呢。"支书的话给了少年极大的自信和勇气,并且他一生都深深感谢东沟村那些朴实可爱的乡亲们。

1975年,作为全省唯一一名家庭出身不好的人,他被乡亲们推荐进东北林业大学学习。他很珍惜这次难得的机会。4年后,考上同济大学的研究生。紧接着,国门重开,研究生毕业留校的他"记不得到底经历了几轮考试",最终获得了世界银行的奖学金。1984年,他留学德国克劳斯塔尔工业大学。该校有个规定,凡是外国留学生入校都先要进行德语入学考试。年轻气盛的他不服气:我的德语这么好,为什么还要参加德语考试?

学校外办的老师很惊讶:200多年了,来这里的外国留学生不知道有多少,但从来没有人说德语好到不需要考试的地步!但经过他用德语毫不妥协的"攻关"之后,外办老师安排了几个教授和他聊,整整一个小时,问了很多问题。结果,他用德语回答,对答如流,让教授们心服口服,同意免试,真的成了克劳斯塔尔大学历史上唯一一个没有参加德语考试而直接入学的外国留学生。

当年的少年,一路走来,他在奥迪汽车公司工作了10年,得到了德国汽车工业同行的肯定和赞赏。2004年他被任命为同济大学校长,如今已成为中国科技部部长。他就是自信"炼成"的万钢。

**这就是自信的力量。自信,可以使人振奋精神,无所畏惧,勇往直前,在生活的舞台上,展现自我,精彩亮相,创造出人生的奇迹。**

## 心灵悄悄话
### XIN LING QIAO QIAO HUA

一个人缺乏自信,前怕狼,后怕虎,戴上了心理的镣铐,畏缩不前,拒绝了超常的努力,便难有大的作为。

# 修剪生命

　　生命就像植物的栽培，经过严谨的切割、修剪，删除多余的枝枝蔓蔓，反而会更加美丽绚烂。

　　一个男孩，出生于美国马萨诸塞州的兰卡斯特城的一个清苦的农家，父亲是个勤奋的养牛工人，兼帮人搬运砖头。他个子矮矮的，生性害羞，常坐在校园的大树下发呆，同学们都谑称他是"白日梦专家"。

　　由于家里穷，孩子又多，男孩小时候，父亲搬家到森林中的一处空旷地，除了居住以外，尚可顺便养牛。父亲没想到这个穷家庭的变通之道，反而成了男孩的植物学校，这是正规学校无法提供的。有一年冬天，8 岁的男孩在雪地里找到一棵草，而且草上还长了一个花苞，那是美丽的金凤花。为什么金凤花会长在寒冬里呢？男孩在旁边找到了一个温泉，可能是温泉的热气，使金凤花在冬天能生长。男孩的发现使他的叔叔、波士顿自然科学博物馆的研究员利威叔叔也发现了一个未来的自然科学家。

　　很多人都知道蜜蜂会吸花蜜时传花粉，但是蜜蜂一天只吸同一种花的花粉，大家可没听过。男孩说："我一整天，只看一只蜜蜂吸什么花蜜。"老师、同学都笑他看错了："草场上的花那么多，蜜蜂也很多，怎么知道一只蜜蜂飞一整天，只吸同一种花？"但是哈佛大学的阿格西教授证实了男孩的观察正确。"你愿成为大自然花朵的帮助者吗？"教授问道。男孩点点头。"好！我就教你授粉与接枝的技术。"男孩不仅得到了大自然的恩赐，而且受到了学者的关注。

　　接受哈佛大学阿格西教授指教后，男孩高中时想念生物学，以为成绩也许会好一点，结果没有。他又想念艺术，也没学好。21 岁时父亲过世，为了照顾家庭,他辍学到锯木场做工,不料锯木灰伤了他的肺部,这使他一生肺部都不健康。在穷途末路时,他想也许能靠种花来支持家庭。

于是他用所有的积蓄在加州圣塔罗莎买下了17英亩的土地,种植马铃薯。他不用市场上的马铃薯来种,而要用自己传花授粉后结成的种子来种。但是要建立自己的品种,可能要从一万粒、100万粒的试验结果中,才能产生一个比原来品种更好的新品种!那需要何等的细心、耐心与信心?他用一半的土地种植传统的品种,另一半的土地拿来试验他为马铃薯传花授粉后的新品种。几个月后在试验区,他挖出几万粒五颜六色、奇形怪状的马铃薯,附近的农夫都笑他傻。他不灰心地由田头挖到山脚,最后才挖到一粒又大又美的白皮马铃薯,他兴奋地在山谷中大叫。从此,世界各菜市场上的白皮马铃薯都是来自他的种苗场。

后来,他成立了一个更大的种苗场。他改良李树、杏树、桃树,使这三种树的果子成为加州最有名的特产。他为了让小孩开心玩耍,种出各种奇花异草。为了让小孩子能摘到苹果,他培育出一种矮个儿的苹果树,孩子一举手就可以采到。当时的草莓表面有毛,许多孩子怕毛不敢吃,他首次培育出无毛的草莓。许多仙人掌有刺,他研究出无刺的仙人掌,并且成立世界上第一所仙人掌植物园。

他就是美国著名的园艺专家伯本克,世界称他是“最伟大的花园天才”。殊不知,他进入园艺工作,是他穷苦、失败、多病、自责后的最后一个选择。他一生未婚。他拿马铃薯做实验,埋在花园泥土中整整57年的时光,找出世界上最好的品种,同时也把自己的一生视为一个实验,找出了最适合自己的旅途。种花的经验,让伯本克体验出生命的坚毅。他说:“当一棵心爱的仙人掌跌碎时,不要太难过。生命的韧性,非一般人所能想象。把每一片碎掉的仙人掌残体,再放在土里。阳光、水、时间会使每个碎片长出成株的仙人掌,并再开出美丽的花朵。”是的,生命就像植物的栽培,经过严谨的切割、修剪,删除多余的枝枝蔓蔓,反而会更加美丽绚烂。四川省南江县委常委、纪委书记王瑛,为党和人民的事业鞠躬尽瘁、死而后已,先后被授予全国纪检监察系统先进工作者标兵、优秀共产党员等荣誉称号。

2008年11月10日，这是她参加生前最后一次重要的干部工作会议。那天早晨，她特地围上鲜红的围巾，精心地梳理齐耳的短发，认真地打理额前的刘海，并涂上了胭脂，抹上了口红，临走时又加大剂量地吃了止痛药。她生病以后在她随身携带的包里最常见的是三样东西：止痛药、化妆品和口香糖。病痛发作的时候就服上几粒止痛药，嗓子发痒想咳嗽就咀嚼口香糖，气色不好就涂上胭脂，抹上口红。她不想把担忧与伤感带给别人。那天，她忍着剧烈咳嗽，一步一喘地朝6楼会议室走去，她谢绝身边工作人员的帮助，坚持自己扶着栏杆一步一步挪动，不时笑着回应上下楼打招呼的人。大家知道，这时谁也不该上前搀扶她，她的坚强源自内心，力量源自信仰，任何怜悯对她来说都是不敬。

那天，在会议室里，在离王瑛去世仅17天的时间里，人们看到的仍然是端庄、微笑、优雅的王瑛。犹如经霜的红枫，以生命最后的燃烧，昭示了柔美与坚强，放射着绚烂的色彩！

2009年1月18日，秦怡荣获第7届中国十大女杰荣誉称号，3月8日，荣获2008年度"非凡女人，非常力量"荣誉称号。

前年，一次记者采访秦怡，她说她演不好一些没有生活基础的爱情戏，因为她一生中从没有完整地得到过真正属于她自己的爱情的幸福。她说这一句话的时候，优雅地笑着，仿佛她在讲述别人的事情，仿佛苦难并没有真实地来过。但凡知道这句话背后的故事的人，又该会有多少的唏嘘感叹。

自从第二任丈夫金焰1983年去世后，一晃20多年，秦怡日复一日亲自照顾着在恶劣环境下突发精神分裂症的儿子，每天为儿子买菜洗衣做饭放洗澡水。如果用儿子的话来形容她的话，那就是"做、做、做"，一个满头银发的老人照顾着另一个准老人。

采访结束的时候，秦怡边走边看表，说她得赶紧回家，给她的儿子打针，这是已经85岁的她每天必做的家事之一。除了亲自照顾儿子的起居外，她还要照料已经92岁的姐姐。下楼梯的时候，她坚持不让别人搀扶

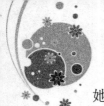

她,一个人挺直腰板踏着那双金色的坡跟皮鞋独自走下楼。她那身灰底上描画着美丽的玫瑰花的衫裙,在吹得一丝不乱的白发映衬下,仿佛秋风里盛开着的玫瑰,层层叠叠的花瓣里,都酝酿着时光的芬芳。

## 心灵悄悄话
### XIN LING QIAO QIAO HUA

命运如一壶翻滚的沸水,我们是一撮生命的清茶。没有水的浸泡,茶只能蜷伏一隅;没有命运的冲刷,人生只会索然寡味。茶在沉浮之中散发出馥郁的清香,生命在挫折之中绽放出礼赞的光芒。

# 心灵的力量

　　一颗善良仁爱、推己及人的心，犹如冬日的暖阳，能驱散头顶的阴霾，融化心中的冰山，迎来柳暗花明的春天，创造生命的奇迹。

　　安妮·沙莉文，1866 年 4 月 14 日出生于美国马萨诸塞州西部的一个小村。3 岁时，安妮患了很严重的沙眼，却因家中贫穷无钱医治，导致安妮的视力恶化。

　　海伦·亚当斯·凯勒一岁半的时候，一场猩红热夺去了她的视力和听力，接着，她又丧失了语言表达能力。海伦比安妮小 14 岁。她是个非常任性的孩子，做什么总是随心所欲。父母也总是迁就她，觉得对不起她。对此，安妮非常理解，她清晰地记得自己也曾让人觉得很讨厌，而在黑暗中的孤独无助、烦躁和痛苦，常人无法想象和理解。"她像我认识的人一样健全。"安妮想，"海伦需要正确的训导和无限的爱与关怀。而我比谁都更能够理解她的心情。"

　　由于海伦对外部世界感情上的对抗，安妮试图和海伦交流的努力很难奏效。安妮既要规范和控制她的行为，又不能伤害她的心灵。后来安妮将海伦带到家庭住所附近的一个小木屋里，以便两人可以单独生活在一起。海伦离开家的第一天，差不多全天都在踢打和号叫。但第二天早上，海伦非但没吵闹，而且很平和。两周后，她变成了一个温柔的孩子。她愿意学习了。后来有一天，安妮把海伦带到水井房，安妮压水，让水流从海伦的一只手上一遍又一遍地流过。她在海伦的另一只手上一遍又一遍地写"水"，反复让海伦体验"水"。海伦恍然大悟，完全明白了老师的意思。水唤醒了海伦的灵魂，给了她光明、希望、快乐和自由。

　　从此开始,安妮陪伴着海伦走过了整整 50 年。她以特有的坚强、耐心和毅力,特别是爱心的陪伴和引导,排解了海伦学习道路上的一个又一个障碍。海伦竟然学会了读书和说话,并以优异的成绩考入美国第一流高等学府——哈佛大学,成为一个学识渊博,掌握英、法、德、拉丁、希腊等 5 种文字的著名作家、教育家和社会活动家。她走遍美国和世界各地,为盲人学校募集资金,把自己的一生献给了盲人福利和教育事业。从而赢得了世界各国人民的赞扬,她的头像被印在了邮票上,并得到许多国家政府的嘉奖,被《大英百科全书》称为残疾人中最有成就的代表。

　　海伦·凯勒被称为 19 世纪的一个奇迹,她的老师安妮·沙莉文就是创造奇迹的人。**这就是心灵的力量。**

　　从小就能严以自律,主动自发地做好每一件事情,将来无疑会获得成功。

　　1965 年,在美国西雅图景岭学校图书馆里,一个四年级小学生被推荐来图书馆帮忙。不久,那个瘦小的男孩来了。图书管理员凯莉小姐先给他讲了图书分类法,然后让他把已归还图书馆却放错了位置的图书放回原处。

　　小男孩仔细寻找那些不在原地的书籍。他一边找,一边对图书管理员凯莉小姐说:"我是个侦探,能把那些'逃跑'的书找回来。"凯莉小姐说:"对,你就这样干吧!"说完,她把小男孩留在书库,忙别的事儿去了。

　　在休息期间,凯莉小姐忽然想起书库里的小男孩。她走进书库,只见他站在梯子上,正吃力地将一本书插到最高一层架子上。小男孩看到凯莉小姐,兴奋地说:"小姐,我已抓到 3 个'逃犯'了,这儿才是它们的家!"

　　第二天,小男孩来得更早,而且更不遗余力,在书库里爬上爬下,忙得满头大汗。临下班时,他正式请求凯莉小姐让他担任图书管理员。凯莉小姐欣然同意了。

　　过了两个星期,小男孩对凯莉小姐说:"我家搬到湖滨区了,我也要转到那个区去上学。我恐怕不能在您这儿当侦探了。"凯莉小姐依依不舍地说:"没关系,如果你愿意,就到湖滨区图书馆干吧。你会是一个很棒的图书管理员!"

　　凯莉小姐一直惦记着那个小男孩。一个星期后,小男孩又在图书馆门口出现了,并且欣喜地告诉凯莉小姐,新学校的图书馆不让学生做图书管理员,妈妈又把他转回这边来上学了,由爸爸用车接送。他还说,如果爸爸不送他,他就走路来。他说这里的"逃犯"还没抓完。凯莉小姐和图书馆的同事们都热情地欢迎小男孩回来。

　　又过了几个月,小男孩不好意思地对凯莉小姐说:"很抱歉,电脑使我着了迷,我没有时间到这儿当侦探了。"这是他最后一天为图书馆工作,直到天黑才回家。这个小男孩后来成了信息时代的巨子,他就是微软创始人、世界首富比尔·盖茨。

　　1975 年,当比尔 20 岁的时候,他创建了自己的电脑公司。在制作电脑软件时,在图书馆整理图书的经历给了他很大启发,他很快设计出了编码通道。

　　**俗话说,"业精于勤而荒于嬉"。比尔·盖茨之所以取得巨大的成功,源于他对工作认真负责的态度。**

**心灵悄悄话**
XIN LING QIAO QIAO HUA

　　认真负责就是做事细心严谨、一丝不苟,追求完美精确,就是高度的责任感和敬业精神。而从小就能严以自律,主动自发地做好每一件事情,将来无疑会获得成功。

第三篇　打开希望的天窗

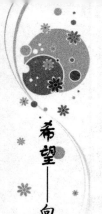

# 人生的大海

在人生的大海中，面对狂风恶浪，我们只有顽强挣扎，奋力拼搏，才能在波涛中探出头来，迎来生存和希望。

荷兰的一个男孩，刚念大学时，就被繁华的城市生活所迷惑，一度热衷于玩乐和赶时髦而荒疏了学业。

这时，母亲便把他叫到跟前，对他叙述了他出生时的情景：那天深夜，家乡的拦海堤坝被海浪冲决了，行将分娩的母亲挣扎着爬上一条小木舟，任它在滚滚洪涛中随波逐流地漂泊着。由于风浪颠簸，孩子在波涛中提前来到了人世。精疲力竭的母亲，为了这个新的生命，顽强地坚持着直到第二天午后被人救起。

**母亲告诉儿子，要时刻牢记先辈的一句古训："我挣扎，我要探出头来。"**

母亲的教诲让男孩深深触动，从此幡然改过，潜心研读，刻苦求知。大学毕业时，他被母校聘为物理系助教，并于1902年他37岁时获得了诺贝尔物理学奖。他就是荷兰的物理学家彼得·塞曼。塞曼在母亲的伟大精神影响和谆谆教诲下，百折不挠地在科学的海洋里奋力"挣扎"，终于到达了辉煌的彼岸。

美国女孩玛格丽特·米切尔10岁时骑马从马上掉了下来，左脚受了重伤。20岁时她又从马上跌落下来，也是摔了左脚，26岁时又摔了一次，引起左脚腕关节炎，很难治好。当她在读医学院时，因母亲去世而辍学。22岁结婚，丈夫又弃她丽去。对她来说，遭受的打击一浪高过一浪。后来，她在报社工作4年，然后离职一边治病，一边发愤读书。她26岁时开始创作,她读读写写前后花了整整 7 年时间。在她 33 岁时小说终于脱稿,3 年后出版,一面世便引起了轰动,并获得了普利策奖。这就是名著长篇小说《飘》,后又拍成电影《乱世佳人》,是好莱坞电影史上最值得骄傲的一部旷世巨片,在第 12 届奥斯卡金像奖中荣获 8 项大奖。不言放弃的米切尔终于获得了成功。

1979 年 4 月,澳大利亚珀斯皇家医院 42 岁的研究员沃伦,意外地在胃黏膜的活体标本中,发现无数细菌紧粘在胃上皮上。他意识到这种细菌可能和慢性胃炎有关。

1981 年,同一医院 30 岁的消化科医生巴里·马歇尔为沃伦提供了一些胃黏膜活体样本。为了获得这种细菌致病的证据,马歇尔喝下了一份含有这种细菌的培养液。结果他受到了感染,胃部病灶周围满是这种细菌,患病过程中马歇尔感到胃痛、恶心和呕吐。幸好,通过治疗,很快就痊愈了。

这样,通过研究以及马歇尔的"活体试验",证明了这种细菌就是人体罹患胃炎、胃溃疡和十二指肠溃疡以及胃癌的诱因。1989 年,这种细菌被正式命名为幽门螺杆菌。而这种病菌的发现,使得原本治疗困难的溃疡病只需用抗生素和一些辅助药物短期就可痊愈。这是胃部疾病诊治的一场革命。

**应该看到,马歇尔的"活体试验"是一种异常之举,所显示的是为科学奉献自我的无私精神。** 20 多年后,2005 年 10 月,巴里·马歇尔和沃伦一同意外地获得了诺贝尔生理学奖和医学奖。

一个在科学的征程上,敢于探索、无私忘我、勇于奉献的人,一定会登上辉煌的峰巅。

这也是一飞冲天的理由。

1610 年,意大利数学家及天文学家伽利略发现了木星周围的卫星,这是天文学史上的重大发现。但在当时,当权者大多忙于争权夺利,没人能重视科学研究。

伽利略因为没有充足的资金作保证做继续研究而苦恼。可是,在当时情况下,想从王公贵族手中得到充足的资金简直是天方夜谭。因此伽利略陷入进退两难的窘境之中。

此时伽利略想到了当时最大的权力家族麦迪西家族。于是他把这个发现呈献给了这个当时最有权力的家族。伽利略在寇西默二世登基时同时宣布,自己在望远镜中看见一颗明亮的星星(木星)出现在夜空上。他表示卫星有 4 颗星星,代表了寇西默二世与其三个兄弟;而卫星环绕木星运行,就如同这 4 名儿子围绕王朝的创立者寇西默一世一样。

在将这项发现呈献给麦迪西家族的同时,伽利略委托他人制作了一枚徽章——天神朱比特坐在云端之上,4 颗星星围绕着他。徽章献给二世,象征他和天上所有星星的关系。

寇西默二世获得这巨大荣誉后很是高兴。他立即任命伽利略为其宫廷哲学家和数学家,并给予全薪的待遇,这意味着伽利略有良好的物质条件从事研究了。这样,伽利略四处乞求的日子终于结束。

伽利略非常清楚地了解贵族们的喜好——荣耀,并且恰到好处地利用贵族们的这项喜好。因此,他把自己的发现与贵族的名字联系起来,把荣耀送给贵族,解除了自己的困境,从而打开了通往成功的天堂的大门。诚然,荣誉是光灿夺目的,人人都非常羡慕并渴望拥有。但荣誉是花,成功是果;荣誉是枝末,成功是根本。没有成功,荣誉也不复存在。

"镭的母亲"居里夫人一生获得各种奖金 10 次,各种奖章 16 枚,各种名誉头衔 107 个,却全不在意。有一天,她的一位朋友来她家做客,忽然看见她的小女儿正在玩英国皇家学会刚刚颁发给她的金质奖章,于是惊讶地说:"居里夫人,得到一枚英国皇家学会的奖章,是极高的荣誉,你怎么能给孩子玩呢?"居里夫人笑了笑说:"我是想让孩子从小就知道,荣誉就像玩具,只能玩玩而已,绝不能看得太重,否则就将一事无成。"科学巨匠爱因斯坦曾经这样评价居里夫人:"在我所认识的所有著名人物里面,居里夫人是唯一不为盛名所颠倒的人。"正因为居里夫人视荣誉为玩具,无足轻重,"心不在焉",专心致志于科学研究,取得了辉煌成就,成为迄今为止曾两度问鼎诺贝尔奖的唯一女性。她的大女儿伊伦·若里·居里也得了诺贝尔化学奖。

　　善待荣誉,看淡荣誉,甚至放弃荣誉,不为荣誉所累,心无旁骛地去做你的事业,成功的大门迟早会为你轰然洞开。

## 心灵悄悄话
### XIN LING QIAO QIAO HUA

　　其实,人生所面对的便是一个大海。这个大海并不都是晴空万里、风平浪静的,有时等待我们的会是阴云密布、骇浪惊涛。

第三篇　打开希望的天窗

# 第四篇　希望是一颗成功的心

　　一艘航船，在一望无垠的汪洋大海中，劈波斩浪，勇往直前，是向往理想的彼岸。一介挑夫，身负重轭，不畏艰险，奋力登攀，是渴盼一绝泰山之巅。

　　侠士高人，闻鸡起舞，顾盼四方，剑指天南海北。丹青妙手，挑对孤灯，挥毫泼墨，忘在百世流芳。拥有一颗成功的心，人生将显得朝气蓬勃，五彩斑斓。

　　生命的弹性决定人生的高度。一个具有坚强意志的人，在逆境面前，遇到的阻力越大，就会越发不屈不挠愈挫愈奋，就一定能脱颖而出，超越自我，把苦难变成财富，赢得美好的未来。

# 超出别人的期望

当我们自始至终把自己的每一件,哪怕是极其琐碎平凡的工作做到极致,超出人们的期望时,那么,辉煌而伟大的成功就已在门外守候。

这是一个感人的故事。

美国的马卡姆很小的时候,便失去了父亲。由于父亲生前欠下的债务,马卡姆和母亲的生活总是处在贫困中。他在小学五年级时便辍学回家。母亲身体不好,马卡姆便承担一部分责任。面对生活的艰辛,马卡姆并不沮丧。因为母亲经常对他说,你无论做任何事情,都必须超过别人的期望,那样你长大后才会是一个成功人士。

马卡姆 12 岁时的第一份工作是送信。年纪还很小的他,竟然在 3 年中没有发生过一次失误。他的工作热情、认真、准确,确实超过了和他一起工作的任何一个同事。

马卡姆有一个理想,他希望自己有机会在铁路上工作。为此,他开始钻研和铁路有关的知识。后来,他被举荐到铁路送信。对此,他激动不已。后来,他又被派去专门打扫月台。像往常一样,他高兴地拿起了扫帚。每天,都穿一身蓝色的铁路制服,去做这件对他来说似乎过于简单的工作。但他决不留半点污垢在月台上,也不会乱用自己的力气,就好像他计算和设计过的一样。同时,他那样专注于自己的工作,如同一个艺术家在制作自己的传世之作。

有一天,马卡姆像往常一样打扫月台。他不知道,在他对面停着的一节车厢里,有一个人被他的工作方法所吸引。他目不转睛地看着马卡姆的一举一动,直到火车开走。这个人是铁路巡回主任杰拉尔德先生,他还叫来同车厢的副督察主任普雷特先生一起观看马卡姆的工作。他们都认为，这个年轻的扫地工人值得注意。

不久，马卡姆被调任去做另一项工作，他同样干得相当出色。在以后的日子里，马卡姆又更换了多份工作，每换一次工作，马卡姆都拿出第一次工作时的劲头——像打扫月台那样做得彻底，那样让人无可挑剔。最后，他当上了伊利诺伊中央铁路局局长。

一个平凡的月台清扫工当上了铁路局局长！这完全超出了人们的想象。杰拉尔德先生在谈论马卡姆时说，他没有见到过一个如此精心对待一件平凡工作的人，没有像马卡姆那样使自己的工作焕发出不同寻常的光彩！

马卡姆的成功是缘于他的母亲的教诲，做任何事情，都要超出别人的期望。一分耕耘一分收获。是的，当我们自始至终把自己的每一件，哪怕是极其琐碎平凡的工作做到极致，超出人们的期望时，那么，辉煌而伟大的成功就已在门外守候。

天津某中学高中毕业生刘涛，在 4 岁时因不慎被变压器击伤，失去了双臂，却用惊人的毅力学会了用双脚做事、读书、写字。从小学开始，他学习成绩一直很优异，并在 2002 年高考中以 569 分的高分考取了天津财经大学。他还写得一手好书法，还是一名校足球队队员。他虽然没有双手，却用双脚蹚出了一条光明之路！

把苦难和挫折踩在脚底，纤弱而残缺的生命便显得刚强而丰盈。法国著名记者博迪在 1995 年因突发心脏病导致四肢瘫痪，终年卧床不起，而且丧失了说话的能力。他虽然头脑清醒，但是全身器官中，只有左眼还可以活动。可是，他并没有被病魔打倒，决心把自己在病倒前就开始构思的作品完成并出版。出版商便派了一个叫门迪宝的笔录员来做他的助手，每天工作 6 小时，给他的著述做笔录。

博迪只会眨眼，所以就只有通过眨动左眼与门迪宝来沟通.逐个字母逐个字母地向门迪宝背出他的腹稿，然后由门迪宝记录出来。门迪宝每一次都要按顺序把法语的常用字母读出来，让博迪来选择，如果博迪眨一次眼,就说明字母是正确的,如果是眨两次,则表示字母不对。

几个月后,他们历经艰辛终于完成这部著作。据粗略估计,为了写这本书博迪共眨了左眼 40 多万次。这本不平凡的书有 150 页,已经出版,它的名字叫《潜水衣与蝴蝶》。

在大千世界,许多人上帝给予得很多,有强壮的体魄、健全的头脑,却浑浑噩噩、碌碌无为而虚度一生;有的人上帝给予得很少,缺胳膊少腿,抑或失聪失明或失语,但却能轰轰烈烈、奋发有为而功成名就。

心灵悄悄话
XIN LING QIAO QIAO HUA

顽强与执着才是生命最大的资本。有了不屈不挠、一往无前的信念,就会创造生命的奇迹,书写人生的辉煌。

第四篇　希望是一颗成功的心

# 生命弹性与人生高度

生命的弹性决定人生的高度。

一个女孩,只读过小学。父亲过早地去世,她随改嫁的母亲来到了安徽山村。为了生存,她14岁就跟着姐姐到采石场采石。她的手指关节变得出奇的方正,小指第二节有些弯曲,几乎变形;右手臂上有一道5厘米的伤疤,那是石块飞溅划伤的,缝了十几针。这些大大小小的伤疤是采石场留下的印记。

**"很多的艺术家、作家都有不幸的童年。"**那时候,不知从哪里得来的这句话给了她安慰和希望。为了这,她每天写日记,写下自己的辛酸和苦闷。母亲病了,欠下了债,无意中说"家里欠的债,只要萍萍的彩礼钱,就够还了"。于是,她吓得只身逃往了上海,随身行李最重的是14本日记。

她干过餐厅服务员、缝纫工、广告推销员。在服装厂,她开始的时候把裤子的前后裆缝错了。一位师傅嘲笑说:"外地人就是笨。"她体会到,在山村里的苦,是与自然界抗争的劳苦;在城市里的苦,是人与人交往的"心苦"。"心苦"更甚于劳苦。但是,她初衷不改,她尝试写作,每月一发工资她就去买杂志。这样写呀写呀,1995年至1998年,她在《知音》杂志发表了7篇文章,引起了编辑们的重视。1998年,《知音》招聘编辑,她壮了壮胆前去应聘。她对招聘人员说:"文凭是别人的财富,我的财富,是我的苦难。如果没有这些苦难,我恐怕没有这么强烈的改变现实的勇气。"2005年5月,她的长篇传记文学《我的苦难,我的大学》正式出版。她就是美女作家赵美萍。她说过一句意味深长的话:"我希望自己是一个弹簧,外界施加给我的压力越大,我就能弹得越高。"

是呀,生命的弹性决定人生的高度。**一个具有坚强意志的人,在逆境面前,遇到的阻力越大,就会越发不屈不挠愈挫愈奋,就一定能脱颖而出,超越自我,把苦难变成财富,赢得美好的未来。**

约翰森的经历向我们昭示:命运全在搏击,奋斗就是希望。失败只有一种,那就是放弃努力。

1927 年,美国的阿肯色州密西西比河大堤被洪水冲垮,一个 9 岁黑人小男孩的家全葬入水底,幸好在洪水即将吞噬男孩的一刹那,是母亲用力把他拉上了堤坡。

1932 年,男孩 8 年级毕业了,但阿肯色城的中学不招收黑人,要到芝加哥城读中学,家里远远没有那么多钱。这时,母亲做出了惊人的决定,让男孩复读一年,而她为整整 50 名工人洗衣、熨衣和做饭,为孩子攒钱上学。

1933 年夏天,家里凑足了那笔血汗钱,母亲带着男孩踏上火车,奔向陌生的芝加哥。在芝加哥,母亲靠当用人谋生。男孩以优异的成绩中学毕业,后来又顺利地读完大学。1942 年,他开始创办一份杂志,但最后一道障碍,是缺少 500 美元邮费,好向可能的订户发函。一家信贷公司愿借贷,但有个条件,得有一笔财产做抵押。母亲曾分期付款好长时间买了一批新家具,无疑这是她一生最心爱的东西了,但她最后还是同意将家具做了抵押。

1943 年,那份杂志获得巨大成功。男孩终于能做自己梦想多年的事了:将母亲列入他的工资花名册,并告诉她算是退休工人,再不用工作了。那天,母亲哭了,那个男孩也哭了。

后来,在一段反常的日子里,男孩经营的一切仿佛都坠入谷底,当时的巨大困难和障碍,仿佛已无力回天。他心情忧郁地告诉母亲:"妈妈,看来这次我真要失败了。"

"儿子,"她说,"你努力试过了吗?"

"试过。"

"非常努力吗?"

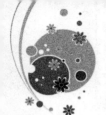

"是的。"

"很好，"母亲以断然的语气结束谈话，"无论何时，只要你努力尝试，就不会失败。"

果然，男孩渡过了难关，攀上了事业新的峰巅。这个男孩就是驰名世界的美国《黑人文摘》杂志创始人、约翰森出版公司总裁，并拥有三家无线电台的约翰·H.约翰森。

约翰森的经历向我们昭示：命运全在搏击，奋斗就是希望。失败只有一种，那就是放弃努力。

我们应该善待每一天，每一天中的分分秒秒，要善于"挤"，善于"压"，以"只争朝夕"的精神谱写出人生华丽的篇章。

鲁迅先生说过："时间就像海绵里的水，只要你愿挤，总是有的。"他还说："**节省时间就是使一个人有限的生命更加有效，也即等于延长一个人的生命。**"

鲁迅一生十分惜时。他少年时在三味书屋读书，因为家境贫困，清早要料理家务。有一次上课迟到了，被老师批评，为记取教训，他在书桌右角上刻了一个"早"字，自此再也没有迟到过。鲁迅一生所完成的著作数量、品种之多，令人赞叹，直到逝世的前3天，他还抱病译书。

古今中外大凡有所建树的人，无不惜时如金。三国时有个叫董遇的人，十分好学，善用余时，颇有造诣。一次，有人向他求教："没有学习时间怎么办？"他回答说："只怕不立志，立了志就不怕没时间。我都是利用'三余'时间学习的"。"何为'三余'？"董遇说："冬者岁之余，夜者日之余，阴者晴之余。"威廉·奥斯罗爵士是当代最伟大的内科医生之一，很多显赫有名的医生都曾是他的门生，几乎所有目前行医的医生都是他的医科教科书培养出来的。他不仅是工作繁忙的内科医生，在医学院任教，同时还是医学研究专家。他除了吃饭、睡觉、上厕所的时间外，其他所有时间均被上述三项工作占去了。为了学习，他规定自己，把每天睡觉前的15分钟用来读书。不管多么晚，他一定读完15分钟才上床，整个一生都没有例外，以至于他到了如果不读上15分钟就简直无法入睡的地步。

有人计算了一下，一分钟平均读 300 字，一个月是 12.6 万字，一年可达 151.2 万字，就可以读 20 本书。半个世纪，60 年可读多少书？在奥斯罗的一生中，他读了大量的书，这也是他博学多才的主要原因。

我国现代最本色、最优秀、创作数量最多的作家当数张恨水。他原名张心远，从南唐后主李煜《乌夜啼》词中"自是人生长恨水长东"句里取"恨水"为字，意思要珍惜光阴，不可浪掷。张恨水在 60 年的创作生涯中，发表小说、散文、诗、剧本等文学作品达 3000 多万字，其中中、长篇小说 120 多部。在相当长的时间里，他每天写作量在 5000 字左右，一天同时在报刊上连载六七篇小说，毛泽东曾当面夸奖张恨水"著作等身，堪可欣慰"。他几十年如一日，争分夺秒地伏案疾书。抗战时期的重庆，敌机突袭时人们都要下防空洞，张恨水却毫不在乎，敌机在头顶盘旋还照写不误。有一次炸弹落在附近，进了防空洞的张夫人又跑出洞来，要与他共存亡，他不得已才进了洞。可一听敌机飞过了头顶，他马上又跑回家去写，等到解除警报亲人回到家时，他已经写了几页纸。张恨水一生读书不辍，战争年代躲空袭时也不忘带本书到防空洞看。直到晚年，患了脑出血，半身不遂、记忆力极差的他还发愤要读完 2000 多本线装的《四库备要》，病故时他身旁放的就是这部书。

**古人说："人之百年，犹如一瞬"；"盛年不重来，一日难再晨"。**

**心灵悄悄话**
XIN LING QIAO QIAO HUA

　　我们应该善待每一天，每一天中的分分秒秒，要善于"挤"，善于"压"，以"只争朝夕"的精神谱写出人生华丽的篇章。

第四篇　希望是一颗成功的心

# 相信坚持的力量

生活常常考验我们的毅力,唯有那些能够坚持不懈的人,才能得到最大的奖赏,才会活得洒脱与从容,保持宁静安详的生活状态。

有一位穷困潦倒的年轻人,身上全部的钱加起来也不够买一件像样的西服。但他仍全心全意地坚持着自己心中的梦想,他想做演员,当电影明星。好莱坞当时共有 500 家电影公司,他根据自己仔细划定的路线与排列好的名单顺序,带着为自己量身定做的剧本前去一一拜访,但第一遍拜访下来,500 家电影公司没有一家愿意聘用他。

**面对无情的拒绝,他没有灰心,从最后一家被拒绝的电影公司出来之后不久,他就又坚持从第一家开始了他的第二轮拜访与自我推荐。**第二轮拜访也以失败而告终。第三轮的拜访结果仍与第二轮相同。但这位年轻人没有放弃,不久后又咬牙坚持开始了他的第四轮拜访。当拜访到第350 家电影公司时,老板竟破天荒地答应让他留下剧本先看一看。他欣喜若狂。几天后,他获得通知,请他前去详细商谈。就在这次商谈中,这家公司决定投资开拍这部电影,并请他担任自己所写剧本中的男主角。不久这部电影问世了,名叫《洛奇》。这位年轻人的名字就叫史泰龙,后来他成了红遍全世界的巨星。

**人都希望在一个平和顺利的环境中成长,但上帝并不喜爱安逸的人,他要挑选出最杰出的人,让这部分人历经磨难,千锤百炼终成金。**生命的低谷是人生用来考验我们的一份含金量最高的试卷。只有经历过磨砺的人生,才会光芒四射。命运在赐予我们各种打击的同时,往往会把一把开启成功之门的钥匙放到我们手中。

厄运是不幸的，但是，如果我们选择逃避，那么它就会像疯狗一样一直追逐着我们；如果我们直起身子，挥舞着拳头向它大声呵斥，那么它就会夹着尾巴灰溜溜地逃走。只要相信并坚持，苦难就永远奈何不了我们。

正所谓："不是坚持聚焦的太阳不能燃烧。"凡是取得成就的人，无一不是来自"坚持"。从古至今，只要在事业上有所成就的人，都是心无二志、懂得坚持的人。坚持是通往成功路上的敲门砖，我们在追求成功、实现理想的道路上，必须学会坚持、相信坚持，这样才能避免无谓的精力浪费，从而更能集中才智，将一件事情做大、做精、做强。

每个人在心中都有一种追求完美的冲动。一个人对现实世界的残酷体会得越深，对完美的追求就会越强烈。这种强烈的追求会使人充满理想，但这种追求一旦破灭，也会使人陷入绝望。

**世界上没有任何一种事物是十全十美的，它们或多或少都会有瑕疵，我们只能尽最大的努力使它们更好一些。**凡事切勿苛求，如果采取务实的态度，我们就会活得更快乐。

有一天，一个城市里来了一位陌生的老者。他背着一个破旧不堪的包袱，脸上布满了风霜，他的鞋子因为长期行走，已经破了好几个洞。

老人虽然外表狼狈，但有着一双炯炯有神的眼睛，不论是行走还是躺卧，他总是仔细而专注地观察着来来往往的人。

老人的外貌与双眼形成了一幅极不协调的画面，吸引了所有人的目光。人们窃窃私语："这不是普通的旅人，他一定是一个特殊的寻找者。"

但是，老人到底在寻找什么呢？

一些好奇的年轻人忍不住问他："您究竟在寻找什么呢？"

老人说："我像你们这个年纪的时候，就发誓要找到一个完美的女人，娶她为妻。于是，我从自己的家乡开始寻找，一个城市又一个城市，一个村落又一个村落，但一直到现在我都没有找到一个完美的女人。"

"您找了多长时间呢？"一个年轻人问道。

"找了六十多年了。"老人说。

"难道六十多年来您都没有找到完美的女人吗？会不会这个世界上

根本就没有完美的女人呢？那您不是找到死也找不到吗？"

"有的！世界上真的有完美的女人，我在三十年前曾经找到过。"老人斩钉截铁地说。

"那么，您为什么不娶她为妻呢？"

"在三十年前的一个清晨，我真的遇到了一个最完美的女人。她的身上散发出非凡的光彩，如仙女下凡一般。她温柔而善解人意，细腻而体贴，善良而纯净，天真而庄严……"老人边说，边陷深深的回忆里。

年轻人更着急了："那么，您为何不娶她为妻呢？"

老人忧伤地流下眼泪："我立刻就向她求婚了，但是她不肯嫁给我。"

"为什么？"

"因为她在寻找世界上最完美的男人！"

**完美是最美好的，知道自己缺点的人在它面前会感到惭愧，也会更加努力，努力使自己成为完美的人。**

但是，完美也是最可怕的。如果每做一件事都要求完美无缺，那么我们便会因巨大的心理压力而不快乐。

## 心灵悄悄话
### XIN LING QIAO QIAO HUA

事实上，人生的各种不幸皆是追求完美所致。完美是一座宝塔，我们可以在心中向往它、塑造它、赞美它，但不能把它当作一种现实存在，否则便会使自己陷入困境。可以说，事事追求完美其实是一种愚拙。

# 有梦才有希望

想使水变成蒸气，在一个标准大气压的条件下，必须把水烧到100℃。水只有在沸腾后，才能变成蒸气，才能产生推动力，推动火车。温热的水是不能推动任何东西的。

**一个人对待生命的温热态度，对自己的事业或工作所产生的影响，与温热的水对火车所产生的影响相同。**

一个伟大的人，一定会怀着可以主宰、统治、调遣其他一切意念的中心意志。没有这种中心意志，人的能量之水是不会达到沸点的，生命的火车同样也不能向前跃进。

尽管每个人都想成功，但真正能成功的，只有那些怀着中心意志或意志坚强的人。而只有那些积极的、有建设与创造本领的人，才能产生强有力的中心意志。

如果怀抱披荆斩棘、破釜沉舟、不惜任何代价、无论作出多大牺牲都要达到目标的坚强意志，我们将从中获得巨大的能量。

一位参加研讨会的女士，在课堂上公开传授了她发明的保证有效的减肥方法。她说她的一位好友和她一起商量过很多次减肥的事情，每次在一起都发誓要立即减肥，可是都因为贪吃而违反诺言。最后，她们二人下定决心，如果不想让自己食言，就必须给自己找一点惩罚措施，而这个惩罚措施要比她们所能想到的更狠才行。

最后，她们约定，同时邀请其他的亲戚朋友来见证，日后若是谁违反了诺言，就必须吃下一整罐的狗食。此后，为了提醒自己不要贪吃，她们二人居然随时都带着一个空的狗食罐头用以警惕自己。这位女士说，每

第四篇　希望是一颗成功的心

当觉得饿而想大吃一顿时,她便马上拿起罐头看看上面的标签,于是,她的食欲可以说完全消失了,因而她很容易便遵守住了自己的诺言,最后达到了减肥的目标。

**有坚强意志的人,会逐步通过努力去实现自己的目标,正如立志减肥而不曾违反诺言的她们。**有坚强意志的人也一定能在社会上找到其重要的地位,为他人所敬仰。他们的言语行动都表现出自己是一个有主见、有作为、有目标的人。他们会朝着目标前进,犹如箭头射向靶心。拥有坚强的意志,一切阻碍都将不复存在。

要做大事,必先集中精神。而这种精神的集中,只有在怀着一个中心意志或崇高的生命目标时才能办到。对于那些不感兴趣、缺乏热情的事情,我们无法集中精神,因而也就无法完全释放自己的生命能量。

很多时候,我们期望在事业上奋发前进,但是由于一些微不足道的缘故,我们怀疑自己所从事的事业能否促使我们完全发挥自己的潜能,甚至会在一夜之间失去信心。有时,我们一遇挫折就灰心丧气,一听到别人在事业上取得了成功就很羡慕、就想在那方面试一试,就这样摇摆不定,而又怎能以全部的精力投入自身事业的建设中呢?

假如一个青年对自己从事的事业如此游移不定,那么我们可以断定,他一定没有中心意志,没有让生命能量达到顶点的决心。

当看到一个青年毅然决然地去实施他的计划,而且丝毫不存"假使、或者、然而"等模棱两可的念头时,我们就可以大胆地断定:他是个勇敢者,他会成功的。认清目标、坚定意志,可以使人从中获得成功的力量,燃烧掉整个生命,让生命能量达到顶点。

在我们不经意的一个念头或设想里,也许蕴藏着一个机遇与一笔巨大的财富。商品经济社会的发展越来越快,在人们的脑海中,创富的愿望也变得越来越强烈。我们常常会突然冒出赚钱的念头和设想,而这些念头和设想,有些真的能使我们获得财富,遗憾的是,我们从来没把它们当一回事,也从来没有认真实践过。

如果我们能抓住这些行之有效的设想,那么情况也许就不一样了。

很多赚钱的机遇，都来自这种不经意的、突然冒出来的念头和设想。比如，受外界的某种刺激和启发，我们忽然想兴办一个企业、做一个新项目的投资，或者搞一次经营，这些说不定都能赚钱。一旦它在我们的脑海中闪现出来，我们不妨作出可行性判断，并努力实践一下，不要让它变成空想。

**当然，有些人经过思考后，产生了完善的构想，并把它变成了自己行动的周密计划，待时机成熟，便将其付诸实践。**但经验证明，大部分人都是在日常生活中意外地得到赚钱的灵感，并捕捉到这种灵感而发迹的。

1926 年的一个傍晚，哈佛大学一年级的学生、17 岁的兰德走在繁华的百老汇大街上，从他面前驶过的汽车车灯刺得他眼睛都睁不开。他突然灵机一动：有没有办法既让车灯照亮前面的路，又不刺激行人的眼睛呢？他觉得这是个很有实用价值的课题。说干就干，兰德第二天便去学校办了休学手续，专心研究偏光车灯的发明。

1928 年，兰德的第一块偏光片终于制成了。他匆匆赶去申请专利，不料已有四个人申请了此项专利，他辛辛苦苦作出的第一项成果就这样白费了。三年后，经过改进的偏光片研制成功，专利局终于在 1934 年把偏光片的专利权给了他，这是他获得的第一项专利。有人把他介绍给华尔街的一些大老板，他们对他的才能和工作效率十分赏识，向他提供了 37.527 美元的信贷资金，希望他把偏光片应用到美国所有汽车的前灯上，以减少车祸，保证乘车人的安全。

后来，有一次，他给女儿照相。小姑娘不耐烦地问："爸爸，我什么时候才能看到照片？"这句话触动了他，经过多年的研究，他又发明了瞬时显像照相机，取名为拍立得相机。这种相机能在 60 秒钟洗出照片，所以又称"60 秒相机"。1937 年拍立得公司刚成立时，其销售额为 14.2 万美元，1941 年就达到 100 万美元，1958 年则达到 6750 万美元。然而他并未就此停步，后来他又制造出一种价格便宜、能立即拍出彩色照片的新相机。

1939 年，拍立得公司在纽约的世界博览会上推出的立体电影轰动一

时。观众必须戴上该公司生产的眼镜才能入场，这又为公司赚了一大笔钱。

这些不经意的念头和设想，就像浮在水面上的泡沫，一不留意，便会消失。**只有借着随手记录的习惯，我们才能将灵感毫无遗漏地保存下来。**即便有的念头在今天看起来还是天方夜谭，可是，也许明天它们就能变为现实。记录这样的奇思妙想不一定要用笔，我们可在脑子里有意识地将其记下来，利用睡前的几分钟，将今天所做的事重新回想一遍，在这个过程中也许会产生更好、更完整的构想。

## 心灵悄悄话
### XIN LING QIAO QIAO HUA

要想让自己有飞跃的发展、不凡的人生，就应善于抓住灵感，并善于记录灵感，激发并逐步提高创造力，这样灵感才会带你飞向梦想的云端。

# 希望如弓

希望如弓,只有拉满自信的弦,用力放出激情的箭,方可射中成功之的。

一位年轻人,跟一个很有名望的老画家学画画。老画家年老多病,作画时常感到力不从心。

一天,他叫年轻人替他画完一幅未完的作品。年轻人只是一个学徒,他十分崇敬老师的为人和作品,害怕把老师的作品毁了。可是,这位画家一定要年轻人完成这幅画。

没有办法,最后年轻人战战兢兢地拿起了画笔,很快,他便进入了状态,内心的艺术感受汹涌而出。画完成后,老画家来画室评价他的画,当他看到年轻人的作品时,惊讶得说不出话来。他把年轻人抱住,激动地说:"有了你,我从此不再作画。"

这个年轻人就是达·芬奇。从此,达·芬奇找回了自信,他的才情得到了最大限度的发挥,终于成了一代大师。

**每一个人的生命中,都潜藏着许多自己也不知道的能量。如果不去尝试,这些能量永远也没有机会大放异彩。**只有我们勇敢地去尝试,那些像火山一样炙热的才能才会喷涌而出。

美国的"经营之父"阿曼德·哈默,这位犹太巨商年纪轻轻就靠制酒、养牛、做铅笔成为百万富翁。他在年近 60 岁时,又作为"门外汉"涉足石油及天然气的开发钻探。对于人们的冷嘲热讽,他一笑了之:"幸运只会降临到每天坚持工作 14 小时、每周工作 7 天的人头上。"他先后投资 1000 万美元,在加利福尼亚的奥克西的地方,这本是一家石油公司遗弃的"荒漠"。但他听从了一位青年地质学家的建议,进行钻探。钻到5600英尺深时,这种深度已经超过那个遗弃的废井深度600英尺,仍不见油气。

"还钻吗?""钻!"哈默坚定不移地回答。当钻到8600英尺深时,奇迹出现了,源源不断的天然气喷薄而出。这是加州的第二大天然气田,其经济价值在2亿美元以上!以后,哈默又在其他地区开采出更大的石油与天然气田,哈默又一次创造了人生的奇迹。

失败了,从头再来。人的一生不会一帆风顺。要永不言败,把失败和挫折当作成功的预演和意志的锤炼,知难而进,一往无前。须知,希望如弓,只有拉满自信的弦,用力放出激情的箭,方可射中成功之的。

**人生也一样,顺境时好成就一番事业,逆境时也能有所作为;只要不怨天尤人、自器自弃,而是不屈不挠,愈挫愈奋,低处也会有风景。**

美国加州一位模特儿在一次车祸中,失去了两条修长的腿,她再也不能在T型台上展现迷人的风采。但她并未因此而感到绝望,而是充满信心地面对生活。当她以轮椅代步时,她发觉所使用的轮椅很不方便,就找了两位从事工程技术的朋友改良功能,将它变成非常好用的轮椅,并推向市场,大受残疾者欢迎。不到3年,她的公司如日中天,令许多人赞叹不已。

人生如一艘航船,免不了要遭受风浪的袭击;是劈波斩浪、勇往直前,还是坐以待毙、折戟沉沙?关键是要有战胜大风大浪的勇气。

我国著名历史学家蔡尚思,年轻时多次失业。一次他又被解聘了,但他并未灰心丧气、时光浪掷,而是一头钻进了南京图书馆,潜心研读。他利用一年时间翻阅了数万卷的历代文集,收集了大量资料,为日后研究打下了扎实的基础。朋友戏称:"这段生活与其说是失业,还不如说是得业。"

"俄罗斯文学之父"普希金,1824年因一封不信上帝存在及灵魂不朽的信件被莫斯科警察局截获,沙皇解除了他的公职,下令押解到他父母的领地普斯科夫省米哈依洛夫斯克村接受监视。普希金的父母认为他给家人带来了不幸，甚至丢下普希金回彼得堡去了。普希金孤身一人，并未意志消沉。宁静的乡村，善良的农民，古老而动人的民间故事滋润着他，给他智慧和灵感，使他诗情奔涌，才华横溢。在两年多时间内，他完成了长诗《茨冈》《努林伯爵》和被誉为俄国诗剧高峰的诗剧《鲍里斯·戈泰诺夫》及代表作《叶甫盖尼·奥涅金》的第三章、第四章，并出版了第一章。这后来被称为"普希金小村"的监视生活，谱写了普希金短暂而不朽人生最华丽的篇章。

诚然，群山之巅，层峦叠嶂，艳阳高悬，松涛奔涌，气象万千；但坡谷涧底，溪水涓涓，川流不息，汇成滔滔江河，照样气势恢宏，蔚为壮观。人生也一样，顺境时好成就一番事业，逆境时也能有所作为；只要不怨天尤人、自暴自弃，而是不屈不挠，愈挫愈奋，低处也会有风景。

## 心灵悄悄话
### XIN LING QIAO QIAO HUA

　　生活赋予我们的一种巨大的和无限高贵的礼品，这就是青春：充满着力量，充满着期待、志愿，充满着求知和斗争的志向，充满着希望、信心的青春。

第四篇　希望是一颗成功的心

# 生命的馈赠

人生在世，可能生命会给你带来许多痛苦和不幸，但只要你珍爱生命，并满怀憧憬地去追求和奋斗，定能得到丰厚的馈赠。

150年前，一个小男孩出生在美国的佐治亚州小镇维拉里加。儿时小男孩爱乘马车兜风。春天，一个晴朗的早晨，他与父亲去教堂做弥撒，路上突然冲出教堂守门人雷蒙达的一条狗。男孩的父亲连忙拉紧缰绳，马突然收蹄，马车剧烈地摇晃，小男孩被甩出了马车，头撞上了车轮的铁箍。从此，男孩患上了可怕的阵发性头痛症。

小男孩是美国内战的见证人。一天，南军一支部队在维拉镇驻扎下来，住在男孩家的是名军医，拥有许许多多五颜六色的液体和粉末的瓶瓶罐罐，这成了小男孩童年最明亮的色彩。小男孩常常一连几小时满怀景仰地驻足在瓶堆前，希望将来有一天能拥有它们。

部队出发前，军医赠给男孩一只空瓶。面对这幸福的时刻，小男孩突然想到了一生他该从事的职业。

战后，男孩上了大学，但于1870年辍学，到药店当一名药剂师。他可以整天摆弄形形色色的试管和瓶子。老板很喜欢这个年轻勤勉的小伙子，付给他丰厚的报酬。1896年，小伙子迁居亚特兰大，开了一爿自己的药店。

后来，他因头痛病拜访55岁的药剂师约翰·斯蒂特·彭伯顿，一位参加过独立战争的老战士和有经验的医生。药剂师给他喝一种特制的饮料，他的头痛好像消失了。于是，他拿出全部积蓄2300美元，买下了那种液体的神秘配方，后来他用这种配方制成饮料在市场上出售。因配方主要成分有椴树混合物、肉桂、古柯树（coca）、热带可乐树籽（cola）等，于是，他的助手建议将这种液体起名为 Coca Cola 即可口可乐。

今天，全球 94% 的人都知道可口可乐，几乎每天每时每刻都有成千上万的人在饮用它，称它是"世界第一饮"一点也不为过。它带来的财富也难以计数，而它的创始人便是那个小男孩艾萨·格里格斯·坎德勒。

**人生在世，可能生命会给你带来许多痛苦和不幸，但只要你珍爱生命，并满怀憧憬地去追求和奋斗，定能得到丰厚的馈赠。**

一天，在医院拥挤的候诊室里，一位耄耋老人突然站起身来走向值班护士，"小姐，"他彬彬有礼、一本正经地说，"我预约的时间是 3 点，而现在已过了 4 点，我不能再等下去了。请给我重新预约改天看病。"

这时，两个妇女在一旁议论："他至少有 80 岁了，他现在能有什么要紧事？"

那位老人转向她们："我今年 88 岁，这就是为什么我不能再浪费一分一秒的原因"。

我钦佩老人惜时如金的品性。古人云："逝者如斯夫，不舍昼夜。"时间可能给我们留下智慧和力量，也可能留下空虚和悔恨，全在于我们如何把握。

"等我有空再说吧。"我们常常会这样原谅自己。有时也会感到没什么重要的事可做。凡事业有成的人，都有一个成功的秘诀，总是变"闲"为"不闲"，也即抓住生命的分分秒秒，不图清闲，不贪安逸。科学巨人爱因斯坦曾经组织过享有盛名的"奥林比亚科学晚会"。每晚例会上，与会者手捧茶杯，边饮茶边议论，后来相继问世的各种科学创造，有不少产生于饮茶之余。据说，今天的茶壶和茶杯已成英国剑桥大学一项"独特设备"。大学的目的在于，鼓励科学家充分利用闲暇时间，在饮茶品茶时沟通彼此的学术思想、文化科学成果，赋予闲暇丰富的内涵。

在概率论、解析几何等方面卓有贡献的法国人费马．他的第一职业是大主教秘书和医生，"创立太阳系学说"是他的第二职业。虽然这一荣誉的桂冠戴在了哥白尼头上，但费马为此付出了艰辛的劳动。而他的"第二职业"观念和工作方式随之风靡世界。在时间的白驹过隙中，有人利用闲暇的碎片，博闻强记，吸取知识的甘露；有人亲历名山大川，广览天地万物；有人利用生命的"零头"进行文艺创作，为人类留下精神瑰宝。然而，也有一些人，他们或堕人"三角"情网，或沉溺于无聊的消遣中，把空闲变成了"空白"。更有甚者，无所事事，无事生非的，也大有人在。据资料统计，在犯罪的青少年中，有近90%是在百无聊赖的闲暇时间犯的事。

唐宋八大家之一的苏东坡诗云："竹中一滴曹溪水，涨起西江十八滩。"汇涓滴以成大海，积点时以成大业。当今世界最大的化学公司杜邦公司总裁格劳福特·格林瓦特，每天挤出一小时来研究世界上最小的鸟蜂鸟，用专门的设备拍摄蜂鸟的照片，终于写出了被称为自然历史丛书中最杰出的作品。

**一位哲人说过："人的差别在于业余时间"。** 若要活得出彩，多给人生补白。

## 心灵悄悄话
### XIN LING QIAO QIAO HUA

如何辨别有希望的线索，是研究艺术的精华所在。具有独立思考能力，并能按其本身的价值而不是根据主宰当时的观念去判断佐证的科学家，最有可能认识某种确属新东西的潜在意义。

# 信仰净化我们的心灵

　　坚持信仰的同时其实我们正在创造新的生命和契机。透过信仰,我们能坚定自己积极的信念,净化自己的心灵,达到自助的目的。信仰其实是一种乐观的生活态度,一种积极的心灵状态。把信仰带入生活,我们便会实现幸福与自足。

　　**无论是基督教还是佛教,都为人们许下了一个理想的净土。在那里,有人们期待的一切快乐,而没有由恐惧和烦恼带来的任何痛苦。**这块乐土是信仰之人的希望,为了来世的幸福,他们乐于在此生行善或者忍受。可是,斯多亚派哲学则不同,它向人们传递的思想里没有任何关于彼岸或来生的承诺,而只有在自我德性的修养和提升中得到满足。

　　对于斯多亚派哲学的学者来说,即使所有人都不相信他们在过着一种简朴、谦虚和满足的生活,他们也绝不对任何人感到愤怒,不偏离自己所选择的并且十分钟爱的这条道路。他们循此达到了纯粹、宁静的境界,并完全安心于自己的命运。

　　如果生活中有这样一个人,他具备高尚的品质和德行,可是他的德行并不是为了赢得别人的赞赏和长久的名声,也并不期待这能够为他带来某些现实的利益,而只是对自己品德高尚这一点感到满足,感到不需要其他东西来填充自己的人生,那么他一定能赢得别人的尊重。

　　一个灯塔守护人在一座孤岛上生活了将近 40 年。他还是一个毛头小伙子时,就随着伯父来到了这座孤岛上。白天,两人出海捕鱼;晚上,他们就燃起篝火,为过往的轮船引航。20 年后,伯父死了,他就一个人守护着孤岛上的灯塔。一个狂风暴雨的夜里,一艘客轮在灯塔的指引下,安全地停泊在孤岛避风处的港湾。船长上岸后，万分感激地对守塔人说："如果没有这座灯塔的指引，我这艘客船，还有满船的乘客，早就葬身海底了。作为感谢，我要带你离开这个地方，并且每月至少给你 2500 美元的薪水。"

守塔人笑着摇摇头。

船长大惑不解："难道你不想过安逸的生活吗？"

守塔人平静地说："想！但这里就是我的岗位。10 年前遭遇风暴的船长和你一样，答应给我 3000 美元的薪水。假如我当时真的答应了他，离开了这里，那么后来的那些船只，包括你的客船，还能获救吗？"

船长十分感动，激动而又惭愧地拥抱着守塔人。

灯塔守护人在自己的岗位上拯救了一艘又一艘的航船，可是在面临现实的诱惑时，他只是忠于自己的思想，将自己的人生定位在为航船指引方向的位置上。他不为外界所动，按照自身的想法塑造着自己的崇高境界。

**每个人都可能有一个或者更多的心愿，我们在决定按照自己的心愿设计人生的时候，往往会面对各种各样的诱惑。**这个时候，我们就要充分了解自己的思想，忠于自己的灵魂，而不要见到了更好的事物，就忘记了自己的初衷。

品德高尚的人，不管外部事物具备多么强大的诱惑力，他们都能在理智的指引下，坚持自己最初的信仰。

真正地做自己，并不是为所欲为，而是要感受到内在的平安与幸福。坚持自己的信仰，积累正面的力量，让自己和真正的自己每天都在一起，这样我们才能活出最圆满的自己。

到尼罗河、亚马孙河和刚果河探险。

登上珠穆朗玛峰、乞力马扎罗山和麦特荷恩山。

驾驭大象、骆驼、鸵鸟和野马。

探访马可·波罗和亚历山大一世走过的路。

主演一部《人猿泰山》那样的电影。

驾驶飞行器起飞和降落。

读完莎士比亚、柏拉图和亚里士多德的著作。

谱一部乐谱。

写一本书。

游览全世界的每一个国家。

结婚生孩子。

参观月球。

这是半个多世纪前,洛杉矶郊区一个没见过世面的 15 岁孩子为自己拟定的《一生的志愿》,在那份表格中,他罗列了 127 个目标,而以上只是其中的一部分。

当梦想庄严地写在纸上之后,他开始循序渐进地实行。

16 岁那年,他和父亲到佐治亚州的奥克费诺基大沼泽和佛罗里达州的埃弗洛莱兹探险。

他按计划逐个实现了自己的目标。49 岁时,他已完成了 127 个目标中的 106 个。

这个美国人叫约翰·戈达德,他获得了一个探险家所能享有的所有荣誉。

他还要努力地实现包括游览长城(第 40 号)及参观月球(第 125 号)等目标。

你如果能像他一样拥有如此坚定的信念,有一天,你也会发现自己是那个走得最远的人。

我们已经知道意念能够吸引财富,但是如果你只是拥有了明确的意念,却没有坚定的信念,那么,财富仍然只是海市蜃楼、镜花水月。

有时,财富就像一位姗姗来迟的姑娘,没有足够的耐心和坚定的信念是看不到她的面孔的。所以,当你用意念在脑海中勾勒出一幅图景之后,请用坚定的信念和决心去保护这副图像,并调动起你的意志去指导心智采取行动。只有把信念坚守下去,才能让时间来见证它最后的繁花似锦。

**当你的信念和决心都异常坚定时,你获得财富的速度就会很快,因为**

希望——向阳花木易为春

你传递给宇宙的都是积极的想法,而没有用消极的意念压制或者抵消宇宙的能量。即使身处困境时,也要勇敢地坚持下去,否则你的消极想法会把能量转化的过程打乱。

在渴望致富的人群中,赢得最后胜利的人,有时候必须烧掉他返回的船只,切断所有的退路,因为他需要一种破釜沉舟般坚定的信念。

在芝加哥,曾经发生过一场大火。在灾难过去的第二天早上,一大群商人站在斯台特街上,看着他们几乎全化为了灰烬的店铺,然后集合在一起商量对策:是重建家园,还是迁离芝加哥到更有希望的地方重新做起?他们达成的决议是离开芝加哥。只有一个人例外。

这位决定留下来的商人叫马歇尔·裴德。他指着他的商店的灰烬说:“各位,就在这个地点,我要建立世界上最大的商店。无论它被烧掉多少次。”

这几乎是一个世纪以前的事了。这家商店早已重建起来,而且直到今天还矗立在那里。它那巍然的外形,正是马歇尔·裴德坚定的信念产生的意志力量所凝结的,极具象征意义。

而那群离去的商人,是否又重建了店铺,历史中却没有留下丝毫的印迹。

## 心灵悄悄话
### XIN LING QIAO QIAO HUA

信念和决心可以使宇宙能量为你工作,而怀疑和忧虑却会使宇宙能量远离你。当你开始怀疑时,你的灵魂就会被疑惑占据,你的情绪起伏会卷起一场巨浪,所有的财富都会被这怀疑的洪流卷走。

## 第五篇  新角度，新希望

宝贝放错了地方，就成了废物。天才，就是放对了地方的人才。"鱼乘于水，鸟乘于风，草木乘于时。"做你喜欢做的事情，做你最擅长的事情，那么，幸运女神就会向你微笑。这正如："蛟龙得云雨，终非池中物。"换个角度看人生，人生无处不飞花。善待自己，自强不息，你将会赢得一个五彩缤纷的未来。

须知，金子不是在哪里都会发亮的。当它还埋在沙土中的时候，就无法闪烁出璀璨光华而引起人们的注意。同样，也不是每一位有才华的人都能飞黄腾达，因为他需要机遇。只有开动脑筋，鼓足勇气，敲开机遇之门。

# 创造腾飞的机会

创造机遇就是在谱写奇迹。我们不应该被平淡无奇的人生所束缚，而应拿出豪情和勇气，向着心中的梦想前进，为自己创造一个腾飞的机会！

一位才华横溢、技艺精湛的年轻画家，早年来巴黎闯荡时，默默无闻，一贫如洗。他的画一张也卖不出去。原因是巴黎画店老板只卖名人大家的作品，年轻画家根本没法让自己的画进入画店。

过了不久，一件极有趣的事发生了。画店的老板总会遇上一些年轻的顾客，热切地询问有没有那位年轻画家的画。画店老板拿不出来，最后只能遗憾地看着顾客满脸失望地离去，而且这样的事接连不断地发生。在不到一个多月的时间，年轻画家的名字就传遍了全巴黎大大小小的画店。画店的老板开始为自己的过失感到后悔，多么渴望再次见到那位原来是如此"知名"的画家。

这时，年轻的画家出现在心急如焚的画店老板面前。他成功地拍卖了自己的作品，从而一夜成名。原来，当满腹才华的画家兜里仅剩下十几枚银币时，他想出了一个办法，用钱雇用了几个大学生，让他们每天去巴黎的大小画店四处转悠，每人在临走的时候都要询问画店的老板：有没有他的画？哪里可以买到他的画？正是这个聪明的方法使他的声名鹊起。这个画家便是伟大的现代派巨匠毕加索！

**须知，金子不是在哪里都会发亮的。**当它还埋在沙土中的时候，就无法闪烁出璨璨光华而引起人们的注意。同样，也不是每一位有才华的人都能飞黄腾达，因为他需要机遇。但是，机遇也有"久候不至"的时候，这

时怨天尤人是无济于事的。只有开动脑筋,鼓足勇气,敲开机遇之门。

当年苏联有个女孩叫瓦莲金娜·捷列什科娃,生性喜爱探索和冒险的她,16岁时迷上了跳伞,后来还成为一家跳伞俱乐部的负责人。而比跳伞更大的诱惑,则是神秘太空对她的吸引。她期盼着有一天可以畅游其间,体会那一片虚空中的真实。那时,她和所有的苏联姑娘一样,将加加林作为自己心目中的偶像无限崇拜,并对太空飞翔产生了无限的向往,渴望有朝一日也能做个宇航员飞上太空。

然而,由于宇宙飞行对体力、智力的严格要求,以及飞行历程中充满的不确定性和危险性,使相当长的一段时间内,"宇航员"的荣誉只能属于男人。但是捷列什科娃并不愿等待,于是她和俱乐部的女友们一起联名给有关部门写了一封信,强调男女平等,并呼吁派一位女子登上太空。令她惊喜的是,没过几天,所有在信上署名的姑娘都被邀请去莫斯科。最终,经过严格的考核和3个月的各种类型的试验,经过层层筛选,幸运女神光顾了捷列什科娃。后来她又经过两年时间的种种严酷的训练,1963年6月16日至19日,作为世界上第一位女宇航员,她乘坐"东方6号"宇宙飞船绕地球运转48圈,她被授予了"苏联英雄"的称号。

如果捷列什科娃只是"望空兴叹",坐着等待,能得到幸运女神的青睐、"一飞冲天"吗?当然不能。是她为自己创造了机遇,并紧紧捉住了它。因此,**当我们为了实现美好的理想,完成心中的夙愿而焦急等待时,为什么不伸手去敲开机遇之门,为自己搭建一个"一步登天"的阶梯呢?可以说,创造机遇就是在谱写奇迹。**我们不应该被平淡无奇的人生所束缚,而应拿出豪情和勇气,向着心中的梦想前进,为自己创造一个腾飞的机会!

成功之花,为挚诚的求学者而盛开。成功之花,为执着的孤独者而芬芳。成功之花,只有用心血和汗水去浇灌,才能结出甜美的果实。

1926年,一名7岁男孩跟随父母来到巴黎拜见音乐大师艾涅斯库。"我想跟您学琴。"男孩说。

"大概您拜错了吧,我向来不给私人上课。"艾涅斯库说。

男孩恳求说:"我一定要跟您学琴,我求您听听我拉琴吧。"

"这件事不好办,我正要出远门,明天清晨 6 点半就要出发。""我可以早一个钟点来,趁您正在收拾东西的时候拉给您听,行不行?"孩子又一次恳求大师。

孩子的直率、天真烂漫、稚气十足,使大师产生了好感:"明天五点半到克里希街 26 号,我在那里恭候。"

翌晨 6 点钟,艾涅斯库听完男孩的演奏满意地走出房间,向恭候在门外的孩子的父亲说:"上课不用付学费。孩子给我带来的欢乐,完全抵得过我给他的好处。"

就在这一年,这名 7 岁的男孩就和旧金山交响乐团合作演奏了门德尔松小提琴协奏曲。未满 10 岁就在巴黎举行了公演。他就是著名的小提琴家梅纽因。

成功之花,为挚诚的求学者而盛开。

## 心灵悄悄话
XIN LING QIAO QIAO HUA

　　冰心先生说过:成功的花儿,人们只惊羡她现时的美丽,想当初她的芽儿,浸透了奋斗的泪泉,洒遍了牺牲的血雨。成功之花,只有用心血和汗水去浇灌,才能结出甜美的果实。

第五篇　新角度,新希望

# 走自己的路

你是要成功还是要听别人的话？如果有人说，你无法实现你的梦想，你就做一个"聋子"吧！一群蛤蟆在进行竞赛，看谁先到达一座高塔的顶端。周围有一大群围观的蛤蟆在看热闹。

竞赛开始了，只听到围观者一片嘘声："太难为它们了，这些蛤蟆无法达到目的，无法达到目的……"蛤蟆们开始泄气了。可是还有一些蛤蟆在奋力摸索着向上爬去。

围观的蛤蟆继续喊着："太艰苦了，你们不可能到达塔顶的！"其他的蛤蟆都被说服停了下来，只有一只蛤蟆一如既往地继续向前，并且更加努力地向前。

比赛结束，其他蛤蟆都半途而废，只有那只蛤蟆以令人不解的毅力一直坚持了下来，竭尽全力到达了终点。

其他的蛤蟆都很好奇，想知道为什么它就能够做到。

大家惊讶地发现——它是一只聋蛤蟆！

小时候，每个人都有宏大的理想，想做伟人，成为世界首富，策划许多有创意的事……总之，就是要有精彩的人生，成为最杰出的人。

但是后来呢？当你年岁增长到可以去实现自己的理想时，四面八方的压力一拥而至。你耳边不断萦绕着别人的议论："别做白日梦了"，你的想法"不切实际、愚蠢、幼稚可笑"，"必须有天大的运气或贵人相助"或"你太老""你太年轻"。

在这些议论的连番轰炸之下，你要么完全放弃，要么半途而废。不是事情绝对不可能成功，而是太多的消极意见使你丧失了成功的勇气。只有那些意志真正坚定的人才能冲破这些消极意见,走向成功,而且是接连不断的成功。

有一次,住在田纳西曼菲斯的克莱伦斯·桑德到当时新兴的快餐店去吃饭,他看到人们排着长龙在这里吃饭,生意很兴隆。顿时,他灵感闪现能不能在杂货店里也采取这种让顾客随意挑选产品并自己包装的形式呢?

随后,他就把这个念头说给他的老板听,没想到却遭到了老板的大声呵斥:"收回你这个愚蠢的主意吧,怎么能让顾客自己选择,自己包装呢?"

可是桑德不肯放弃,他相信这样能给顾客一种更轻松、更自在的购物心理。

于是桑德辞去公司的工作,自己开了一家小杂货铺,并且引进了这种全新的经营理念。很快,他的小店就吸引了许多的顾客,门庭若市,生意逐渐兴隆了起来。后来,他又接二连三地开了多家分店,也取得了巨大的成功。这就是当今风靡全球的超市的先驱。

还有人可能自小就受到了近乎残忍的判定。

贝多芬学拉小提琴时,技术并不高明,他宁可拉他自己作的曲子,也不肯做技巧上的改善,他的老师说他绝不是个当作曲家的料。

歌剧演员卡罗素美妙的歌声享誉全球。但当初他的父母希望他能当工程师。而他的老师则说他那副嗓子是不能唱歌的。

发表《进化论》的达尔文当年决定放弃行医时,遭到父亲的斥责:"你放着正经事不干,整天只管打猎、捉狗、捉耗子的。"另外,达尔文在自传上透露:"小时候,所有的老师和长辈都认为我资质平庸,我与聪明是沾不上边的。"

沃特·迪斯尼当年被报社主编以缺乏创意的理由开除,建立迪斯尼乐园前也曾破产过好几次。

爱因斯坦4岁才会说话,7岁才会认字。老师给他的评语是:"反应迟钝,不合群,满脑袋不切实际的幻想。"他曾遭到退学的命运。

　　法国化学家巴斯德在读大学时表现并不突出,他的化学成绩在 22 人中排第 15 名。

　　牛顿在小学的成绩一团糟,曾被老师和同学称为"呆子"。

　　罗丹的父亲曾怨叹自己有个白痴儿子,在众人眼中,他曾是个前途无"亮"的学生,艺术学院考了 3 次还考不进去。他的叔叔曾绝望地说:孺子不可教也。

　　《战争与和平》的作者托尔斯泰读大学时因成绩太差而被劝退学。老师认为他:"既没读书的头脑,又缺乏学习的兴趣。"

　　这些人要不是坚持"走自己的路",而是被别人的评论所左右,怎么能取得举世瞩目的成绩?

　　一位老教授退休后,巡回拜访偏远山区的学校,传授教学经验与当地老师分享。由于老教授的爱心及和蔼可亲,使得他所到之处皆受到老师和学生的欢迎。

　　有一次,当他结束在山区某学校的拜访行程,而欲赶赴他处时,许多学生依依不舍,老教授也不免为之所动,当下答应学生,下次再来时,只要他们能将自己的课桌椅收拾整洁,老教授将送给该名学生一个神秘礼物。

　　在老教授离去后,每到星期三早上,所有学生一定将自己的桌面收拾干净,因为星期三是每个月教授前来拜访的日子,只是不确定教授会在哪一个星期三来到。

　　其中有一个学生的想法和其他同学不一样,他一心想得到教授的礼物留作纪念,生怕教授会临时在星期三以外的日子突然带着神秘礼物来到,于是他每天早上,都将自己的桌椅收拾整齐。

　　但往往上午收拾妥当的桌面,到了下午又是一片凌乱,这个学生又担心教授会在下午来到,于是在下午又收拾了一次。可他想想又觉得不安,如果教授在一个小时后出现在教室,仍会看到他的桌面凌乱不堪,便决定每个小时收拾一次。

　　到最后,他想到,若是教授随时会到来,仍有可能看到他的桌面不整洁,终于,小学生想清楚了,他无时无刻保持自己桌面的整洁,随时欢迎教授的光临。

老教授虽然尚未带着神秘礼物出现，但这个小学生已经得到了另一份奇特的礼物。

有许多人终其一生，都在等待一个足以令他成功的机会。而事实上，机会：无所不在，重点在于：当机会出现时，你是否已经准备好了。

**机遇是一位神奇的、充满灵性的但性格怪僻的天使。它对每一个人都是公平的，但绝不会无缘无故地降生。**只有经过反复尝试，多方出击，才能寻觅到她。

在成功的道路上，有的人不喜尝试，不愿走崎岖的小道，遇到艰辛或绕道而行，或望而却步，他们常与机遇无缘。而另一些人，总是很有耐性，尝试着解决难题。不怕吃千般苦，历万道岭，结果恰恰是他们能抓住"千呼万唤始出来"的机遇。

机遇是一种重要的社会资源。它的到来，条件往往十分苛刻，且相当稀缺难得，它并非那样轻易得到。要获得它，需要极大的"投入"，才会有"产出"，需要高昂的代价和成本，这就是准备相当充足的实力、雄厚的才能功底。机遇相当重情谊，你对它倾心，它也会对你钟情，给你报答。但机遇绝不轻易光顾你的门庭，不愿意花费"投入"的人，也决然得不到它的偏爱与回报。喜剧演员游本昌深有所悟地说："机遇对每个人都是相等的，当机遇到来时，早有准备的人便会脱颖而出；而那些没有任何准备的人，只能看着机会白白地流失。"

**机遇绝非上苍的恩赐，它是创造主体主动争来的，主动创造出来的。**机遇是珍贵而稀缺的，又是极易消逝的。你对它怠慢、冷落、漫不经心，它也不会向你伸出热情的手臂。主动出击的人，易俘获机遇。守株待兔的人，常与机遇无缘，这是普遍的法则。你若比一般人更显出主动、热情的话，机遇就会向你靠拢。

机遇最喜欢爱拼善攻、有挑战性格的人，它最乐意为这样的人"效劳"。所以，在机遇面前，无疑需要敢于拼搏、锲而不舍的劲头，自身的能量最大限度地发挥出来。只有勇于战胜那些看似难以克服的困难，才使

机遇发挥出极大的效能。有些人为艰难所折服，就会使已到手的机遇未能得到充分利用，而使自己功亏一篑，也使机遇之水付诸东流。

## 心灵悄悄话
### XIN LING QIAO QIAO HUA

　　之所以要走自己的路，完全是因为我们每个人都是独特的——永远不要忘记这一点！

　　让自己保持在最佳状态，以便机会出现时，你可以紧紧抓住，不让它溜走。

# 要有自己的主见

没有自己的原则和立场,不知道自己能干什么,会干什么,自然与成功无缘。

一名中文系的学生苦心撰写了一篇小说,请作家批评。因为作家正患眼疾,学生便将作品读给作家。读到最后一个字,学生停了下来。作家问道:"结束了吗?"听语气似乎意犹未尽,渴望下文。这一追,煽起学生的激情,立刻灵感喷发,马上接续道"没有啊,下部分更精彩。"他以自己都难以置信的构思叙述下去。

到达一个段落,作家又似乎难以割舍地问:"结束了吗?"

小说一定摄魂勾魄,叫人欲罢不能!学生更兴奋,更激昂,更富创作激情。他不可遏止地一而再再而三地接续、接续……最后,电话铃声骤然响起,打断了学生的思绪。

电话找作家,急事。作家匆匆准备出门。"那么,没读完的小说呢?其实你的小说早该收笔,在我第一次询问你是否结束的时候,就应该结束。何必画蛇添足、狗尾续貂?该停就停,看来,你还没把握情节脉络,尤其是缺少决断。决断是当作家的根本,否则,绵延逶迤,拖泥带水,如何打动读者?"

学生追悔莫及,自认性格过于受外界左右,作品难以把握,恐不是当作家的料。

很久以后,这名年轻人遇到另一位作家,羞愧地谈及往事,谁知作家惊呼:你的反应如此迅捷、思维如此敏锐、编造故事的能力如此强盛,这些正是成为作家的天赋呀!

假如正确运用,作品一定脱颖而出。

"横看成岭侧成峰,远近高低各不同。"凡事绝难有统一定论,谁的"意见"都可以参考,但永不可代替自己的"主见",不要被他人的论断束缚了自己前进的步伐。追随你的热情、你的心灵,它们将带你实现梦想。

漫无目标的飘荡终归会迷路,而你心中本来就育的无限的潜能宝藏也终会因疏于开采而逐渐贫瘠。

很久以前,有一个小女孩儿住在树林环绕的村庄里,她喜欢在树林深处漫步。清晨。她跟树林中的小鸟、金花鼠、松鼠快乐地交谈,下午坐在苔藓覆盖的岩石上休息。一天,小女孩儿在树林里比往常走得要远,天不久就黑了,她才知道自己迷路了。她能看到的只有巨大的松树和村庄里最高的教堂尖顶。

她吓坏了,环顾四周,开始哭起来。巨大的松树摇摆着凑近安慰她。最后,一棵较高的树轻声对她说:"朝着那个尖顶走,眼睛不要离开它,你马上就会到家。"

于是,女孩儿整理了一下披肩,提起一篮为做晚饭而采摘的蘑菇,开始往回走。她急切地盯着教堂的尖顶,知道如果一直朝着它走,马上就能安全到家。不久,她听见身后有脚步声,于是把眼睛从尖顶移开,转过头来看究竟是谁在她身后。嗨,你瞧,一只红色的狐狸紧挨着她的脚跟,她几乎能感到它温暖的呼吸。"小姑娘。"狐狸说,"在山岭那边,有一大片美丽的野紫罗兰。如果你跟着我,就能采一束回家给你的妈妈。"

小女孩儿知道妈妈非常喜欢野紫罗兰,她忘记了害怕,就跟在狐狸后面跑。狐狸的脑袋里却幻想着水灵灵的蘑菇。突然,太阳被云朵遮住,森林更黑暗了,女孩儿记起了松树要她紧紧盯住教堂尖顶的话。然而,从她现在所在的位置往下看,已经看不到教堂尖顶了。

小女孩儿再一次害怕地撒腿跑起来,却没有意识到她自己是在绕着圈跑,女孩儿发现她又一次来到了那些巨大的松树中间。她往上看去,目光立刻抓住了那个教堂尖顶。她全神贯注地死死盯住它,再也不敢把眼睛移开,小女孩儿终于平安地回到家里。

**漫无目标的飘荡终归会迷路，而你心中本来就有的无限的潜能宝藏也终会因疏于开采而逐渐贫瘠。**

许多人无法实现他们的人生理想，起因就在于他们从来没有真正定下生活的目标。

有一位父亲带着三个孩子到沙漠去猎杀骆驼。

他们到达了目的地。

父亲问老大："你看到了什么呢？"

老大回答："我看到了猎枪、骆驼，还有一望无际的沙漠。"

父亲摇摇头说："不对。"

父亲以相同的问题问老二。

老二回答："我看到了爸爸、大哥、弟弟、猎枪、骆驼，还有沙漠。"

父亲又摇摇头说："不对。"

父亲又以同样的问题问老三。

老三回答："我只看到了骆驼。"

父亲高兴地说："答对了。"

朝着一定目标走去是人生之"志"，一鼓作气中途决不停止是立世之"气"。两者结合起来就是志气。一切事业的成败都取决于此。

播种目标的种子，要求你所追求的理想目标应当详细而明确。漫无目的播撒目标或者连自己都无法确定目标的人，只能是个失败者。

生活中最令人头疼的难题之一就是如何去帮助那些胸无大志、故步自封的人，他们对天性中积极向上的一面尽量给予压制，他们也缺乏足够的进取心去开创全新的事业，即便是开了一个头，也只是三天打鱼两天晒网，缺乏持之以恒的精神，缺乏一个详细而明确的人生目标。

**自己无法下定决心迈向目标，亦即自己无法掌握明确目标的人，是绝对不可能成功的。**

只有那些不满足于现状、渴望着点点滴滴地改进自己、时刻希望攀登上更高层次的人生境界，并愿意为此挖掘自身全部潜能的年轻人，才有希望达到成功的巅峰。

胜者具有明确的人生目标,败者相反。如果我们不知道现在正往哪里走,我们怎能指望到达目的地呢?

在事业开始的起点,懂得确立每一个里程的目标,绝对是极其重要的。没有大到不能完成的梦想,也没有小到不值得设立的目标,只有朝着确立的目标前进,才能有成功的希望。

记住这样一句人生告诫吧:立志是一件很重要的事情。事业随着志向走,成功随着目标来,这是一定的规律。立志、追求、成功,是人类活动的三大要素。

每天不浪费剩余的那一点时间。即使只有五六分钟,如果利用起来,也一样可以产生很大的价值。

老师向一个瓶子里装小石子,装满后问学生:"满了吗?"

"满了。"同学们异口同声地回答。

然后老师向瓶里装沙,仍可以装进去。众学生愕然。

沙装满后,老师又问:"满了吗?"

"满了。"同学们回答道。

老师又向已装满石子和沙子的瓶里灌水,同时问学生:"满了吗?"同学们都默不作声。

我们的日子就像一个瓶子,看似装满了事情,但是你真的充分利用了所有的时间吗?也许剩下的时空不够放下一颗石子,难道也不能放下一把沙粒,甚至半杯水吗?

其实,**生活中有很多零碎的时间是大可利用的,如果你能化零为整,那你的工作和生活将会更加轻松。**

所谓零碎时间,是指不连续的时间或一个事务与另一事务衔接时的空余时间。这样的时间往往被人们忽略过去。零碎时间虽短,但日复一日地积累起来,其总和将是相当可观的。凡在事业上有所成就的人,几乎都是能有效地利用零碎时间的人。

生物学家达尔文说过:"我从来不认为半小时是微不足道的一段时间。"诺贝尔奖奖金获得者雷曼的体会更加深刻,他说:"每天不浪费剩余的那一点时间。即使只有五六分钟,如果利用起来,也一样可以产生很大的价值。"把时间积零为整,精心使用,这正是古今中外很多科学家取得辉煌成就的妙招之一,值得我们借鉴。

你或许经常会感到时间紧张,根本没有时间干许多重要的事。其实,这不过是找托词罢了。三国时期的董遇是个很有学问的人,前去找他求学的人很多,但他要求首先要"书读百遍,其义自见"。当求学者抱怨说"没有时间"时,他则回答说:"当以'三余'即'冬者岁之余,夜者日之余,阴雨者晴之余'也。"这"三余"的利用,正是零碎时间的聚积。能以小积大,这是时间的独特之处。鲁迅先生说过:"时间就像海绵里的水,只要愿挤,总还是有的。"

宋朝名人钱惟演,生长于富贵之家,后来又做了大官,除了读书什么嗜好也没有。他曾经对下属说:"平生唯好读书,坐则读经史,卧则读小说,上厕则读小辞,盖未尝顷刻释卷也。"读书手不释卷,是个好习惯,很值得学习。古往今来,这样的书痴,为数不少。

而这个故事的特别之处,在于钱惟演以不同的书籍配合他生活的不同片段,读经史正襟危坐,因为要端正态度,说不定还要做札记呢。这也透露了经史非消遣之书这一事实。相对来说,小说便是消遣书了,便可以用闲适的姿态,例如躺卧着来翻阅。"小辞"不知是否指诗词的"词",反正是篇幅短小的读物。这则故事告诉了我们一个充分利用时间读书学习的方法:利用零散的时间要因地制宜,善于变通。

**汇涓涓细流方成浩瀚大海**,积点滴时间而成大业。事物的发展变化,总是由量变到质变的。"点滴"的时间看起来很不显眼,但这些零零碎碎的时间积累起来却大有用处。

毛泽东在湖南第一师范学校求学时的座右铭是这样的:"百丈之台,其始则一石,由是而二石焉,由是而三石焉,四石以至千万石焉,学习亦然。今日记一事,明日悟一理,积久而成学。"有的人觉得,读书、写作、科研,就得有大块时间,零散时间在他们看来是微不足道的,这样想的人,是永远做不成大事的。

　　如果你想成就一番事业，一定要学会利用时间。有这样一种比喻：时间像水珠，一颗颗水珠分散开来，可以蒸发，变成烟雾飘走；集中起来，可以变成溪流，变成江河。而这集中的方法之一是用零碎的时间学习整块的东西，做到点滴积累，系统提高。获取高深的知识，没有"捷径"可走，只能靠平时一点一滴地积累，才能实现你的梦想。

## 心灵悄悄话
XIN LING QIAO QIAO HUA

　　遇事没有主见的人，就像墙头草，东风东倒，西风西倒，没有自己的原则和立场，不知道自己能干什么，会干什么，自然与成功无缘。

# 不要给自己设限

不要给自己设限,不要小满即安,要放眼远大,坚定信念,全力以赴,去赶超新的目标,就会迎来新的成功与辉煌。

著名成功学家拿破仑·希尔曾聘用了一位年轻的小姐当助手,替他拆阅、分类及回复他的大部分私人信件。当时,她的工作是听希尔的口述,记录信的内容。她的薪水和其他从事相类似工作的人大约相同。有一天,希尔曾口述了下面这句格言,并要她用打字机把它打下来:"记住:你唯一的限制就是你自己脑海中所设立的那个限制。"

当她把打好的纸交还给希尔时,她说:"你的格言使我获得了一个想法,对你、我都很有价值。"

这件事并未在希尔的脑海中留下特别深刻的印象。但从那一天起,希尔可以看得出来,这件事在她的脑海中留下了极为深刻的印象。她开始在用完晚餐后回到办公室来,并且从事不是她分内而且没有报酬的工作。她开始把写好的回信送到希尔的办公室来。

她已经研究过希尔的风格。因此,这些回信回复得跟希尔自己所写的一样好,有时甚至更好,她一直保持着这个习惯。当希尔的秘书辞职以后,希尔还未正式给她这项职位之前,她已经主动地承担了秘书的工作。她在下班之后以及在没有支领加班费的情况下,对自己加以训练。因此,当希尔开始找人来填补一位秘书的空缺时,他自然地想到了这位小姐。最终,她终于使自己有资格出任拿破仑·希尔属下人员中最好的一个职位。希尔多次提高她的薪水,她的薪水已是她当初来这儿当一名普通速记员时薪水的4倍。最终,她也成了一名成功人士。

这位小姐的成功在于，自觉地超越了自己脑海中所设立的那个限制，亦即突破自我。一架航海罗盘，虽然已经制造出来了，但在没有被磁化以前，其指针指的方向各不相同。但是，一旦被磁化以后，指针立刻就会转向北极，并且一直指向那里。我们有时也像没有被磁化的指针一样，习惯于原地不动而没有方向。戴高乐曾经说过："眼看得到的地方，就是你会到达的地方。"是的，不要给自己设限，不要小满即安，要放眼远大，坚定信念，全力以赴，去赶超新的目标，就会迎来新的成功与辉煌。

**豁达是一种超脱，是一种从容，有了豁达的心胸，就会在人生的旅途上闲庭信步，轻松自如，生活也就会舒坦恬静，充满无限阳光。**

豁达是一个人性格开朗、气量大。

林肯在竞选总统时，一个参议员当场羞辱他说："林肯先生，在你开始演讲前，我希望你别忘了自己是一个鞋匠的儿子。"林肯听了很平静地对那个议员说："我非常感谢阁下，因为您让我想起了自己的父亲。我的父亲已经过世了，我会永远记住你的忠言。我知道我做总统没有办法像我父亲做鞋匠做得那么好。据我所知，我父亲以前也为您的家人做过鞋。如果您的鞋不合脚，我可以帮您修好，虽然我不是伟大的鞋匠，但我从小就跟父亲学到了修鞋的技术。"

随后，林肯又对所有的参议员说："对参议院的任何人都一样，如果你们穿的鞋是我父亲制作的，而现在它们需要修理或改善，我会尽力帮忙。但我相信父亲的手艺是最棒的。"说到此，林肯伤心地流下了眼泪。这时，所有的参议员都很感动，并且给予了最热烈的掌声。

试想想，倘若当初林肯与那位议员针锋相对，竭力"洗刷"鞋匠之子的卑微，其结果不是孤立了自己便是两败俱伤。而他的豁达与宽容，不仅保住了那位议员的颜面，而且赢得了所有人的尊崇与拥护，最终他成功地当选为总统入主白宫。因此，豁达是一种品格，也是一种力量。而且为人豁达，海纳百川，光明磊落，雍容慷慨，不计得失，既是对别人的一种退让，也是对自己的一种包容，这样，前途广阔，后步宽宏。这也实乃是一大智慧。

东汉的刘宽以宽厚著称。在任河南南阳太守时,有一天坐着牛车到郊外游览,遇到一个失了牛的农民。这个农民所失去的牛,恰巧与刘宽的牛一模一样。农民一见就向太守要。刘宽也不分辩,就把牛让给农民,步行回衙。不久,这个农民找到了自己的牛,立即把刘宽的牛送还,并向刘宽叩头道谢,要求处罚。刘宽说:"天下物有相似,事有错误,既然你把牛送还了,怎么好再处罚你呢?"大文豪朱自清,平素是一个十分平和的人。有一次一位学生打电话到他家,说有几本书要看但找不到,让朱速去图书馆帮着找一找。你看看,这简直是太没规矩了,一个学生差遣系主任,犹如使唤老妈子。然而,学生的没规矩,又充分说明了朱自清的平和大度没架子,这也是他得到了广大师生的尊敬和喜爱的缘由。

**所以,豁达大度,虚怀若谷,安然若素,是一种美德,一种人性的美丽,一种成熟的人生**。比尔·盖茨说:"没有豁达,便没有宽松。"豁达是一种超脱,是一种从容,有了豁达的心胸,就会在人生的旅途上闲庭信步,轻松自如,生活也就会舒坦恬静,充满无限阳光。

敢于直面人生,努力经营,把缺陷转变为资本,将危机转变为机会,从而赢得了丰厚的未来和壮美的人生。

菲律宾前外长罗慕洛,穿上鞋子时身高只有1.63米。原先,他与其他人一样,为自己的身材而自惭形秽。年轻时,他穿过高跟鞋,但这令他很不舒服,他感到自欺欺人,于是便把它扔了。

1935年,大多数美国人尚不知晓罗慕洛为何许人也。那时,他应邀到圣母大学接受荣誉学位,并且发表演讲。那天,高大的罗斯福总统也是演讲人。事后,他笑吟吟地责怪罗慕洛"抢了美国总统的风头"。

更值得回味的是,1945年,联合国创立会议在旧金山举行,罗慕洛以无足轻重的菲律宾代表团团长的身份,应邀出席并发表演说。讲台差不多和他一般高。等大家静下来,罗慕洛庄严地说了一句:"我们就把这个会场当作最后的战场吧。"这时,全场顿时寂然,接着爆发出一阵掌声。最后,他以"维护尊严、言辞和思想比枪炮更有力量——唯一牢不可破的防线是互助互谅的防线"结束演讲时,全场响起暴风雨般的掌声。从那

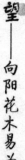
天起，尚未独立的小小菲律宾就在联合国中被各国当作资格十足的国家。

身材矮小的罗慕洛，不因缺憾而气馁，敢于坦然面对，并用自己的才智和胆识加以弥补，从而战胜柔弱，超越卑微，做出了惊天动地的伟业。

说到罗斯福，他小时候生性脆弱胆小，呼吸就好像喘大气一样。如被喊起来背诵，立刻会双腿发抖，嘴唇也颤动不已，回答起来，含含糊糊，吞吞吐吐，然后颓然坐下。由于牙齿暴露，难堪的境地使他更没一副好面孔。

然而，他没有因别人对他的嘲笑而减轻勇气，他喘气的习惯变成了一种坚定的嘶声。他用坚定的信念，咬紧自己的牙床，使嘴唇不再颤动而克服他的恐惧。通过演讲，他学会如何用一种假声掩饰他那无人不知的龅牙，以及他的打桩工人的姿态。他没有洪亮的声音或威严的姿态，他不像有些人那样具有惊人的辞令。然而，在当时他却是最有力量的演说家之一。在顽强的抗争中，他终于登上事业和荣誉的巅峰，成了美国最伟大的总统之一。

**古往今来，成功人士并非完人，他们或多或少存在着这样那样的先天不足或生理缺陷。**关键在于他们敢于直面人生，努力经营，把缺陷转变为资本，将危机转变为机会，从而赢得了丰厚的未来和壮美的人生。

心灵悄悄话

XIN LING QIAO QIAO HUA

我们在自身的进取心被激发之前，被牢牢地限制住，对任何刺激都毫无反应。而一旦有了进取心和意志力，就如同被磁化了的指针，激励着我们不断地向着自己的目标前进。

# 希望要自己去争取

**青少年要想成功,必须将目标付诸行动,并为之积极地努力,积极地奋斗。**成功者从来不等待,不拖延,也不会等到"有朝一日"再去行动,而是"现在"就动手去做。机会是不会从天而降的,它需要你自己去争取,需要你自己去创造,千万不要奢望有不劳而获的事情会发生在你的身上。

即使机会真的会从天而降,如果你已养成了"守株待兔"的习惯,面对机会时也只能是瞪大眼睛,原地不动,机会自然而然就会从你身边溜走,无影无踪了。

许多年前,在古埃及,有一位治国有道的明君。一天,他把所有臣子召集来,给他们布置了一个任务:"我年事已高,也许将不久于人世了,但是除了金银珠宝,我几乎什么都没有给我那些懒惰的儿孙们留下,我真的很担心当他们接替我的王位后,他们会怎么样去治理我们的国家。所以我要你们集你们众人的才智,编写一本智慧录,把它流传给我的儿孙们。"

大臣们领到任务后,开了几次会一起讨论编写智慧录的事情,并且大家齐心协力,努力工作了一段时间,最后完成了一本厚厚的九卷的巨著。国王拿到后.翻看了一遍以后说:"这本智慧录确实是你们的智慧结晶,可是它太厚了,我的儿孙们肯定不会有耐心读完它,也许甚至连一半都读不完,你们去把它精简一下吧。"

这些大臣们又开会讨论,并且兢兢业业地努力工作,将智慧录中的文字精雕细琢,几经删减之后,编成了一本三卷的著作。然而,国王看了以后还是觉得文字太多了,命令他们再去精简。

勤勤恳恳的大臣们把三卷书精简为一卷，又精简为一章，再精简为一页，既而又精简为一段，最后终于变为了一句话。老国王看到这句话后，非常高兴，说道："我忠实的臣子们，这的的确确是你们智慧的结晶。我的儿孙们如果懂得了这个道理，我们的国家一定会富有而强盛的。"

　　这句话就是："天下没有白吃的午餐"。

　　这虽然是一则寓言，但是它使我们懂得了这样一个道理：**只有行动才能有所作为，行动是成功的保证。任何伟大的目标，伟大的计划，最终必然落实到行动上面。**

　　很多人都有过很多伟大的想法，但真正为之付出实际行动的人却是少之又少。他们总是觉得现在条件不够成熟，时间太紧没空，或者以"我现在没状态""我对此缺乏信心"作为理由。他们总是在等条件成熟的那一天，或者等自己"有空"的那一天。可是那一天从来就没有出现过。因为这些实际上都只是一些自欺欺人的鬼话，要知道，好的机遇不会专门挑你"有状态""有信心"的那一天降临。所以最后让伟大的想法得以实现的人只是少数。

　　其实，没有条件，我们可以创造条件；没有时间，我们也可以挤出时间，不是有那么一句话："时间就像海绵里的水，只要你用力挤，总是可以挤出一点来的。"总之，一旦有了确定的目标，就要马上行动，一刻也不要耽误。

　　现在就开始行动，对于确立了目标的你来说，它可以帮你抓住成功的良机；对于还没有目标的你来说，它能帮你找到自己的目标。

　　现在就开始行动，它可以影响你生活中的每一部分，它可以帮助你去做该做而不喜欢做的事；在遭遇令人厌烦的职责时，它可以教你不推托延宕；当你感到悲伤难过时，它能帮助你摆脱忧伤，重新振作。

　　现在就开始行动，它能改变你的人生态度，让你由消极转为积极；它能改变你的心情，让原本可能糟糕透顶的一天变成愉快的一天。卓根·朱达是哥本哈根大学的学生，他就是这样做的。

　　有一年暑假他去当导游。因为他总是高高兴兴地做了许多额外的服务,因此几个芝加哥来的游客就邀请他去美国观光。旅行路线包括在前往芝加哥的途中,到华盛顿特区做一天的游览。卓根抵达华盛顿以后就住进"威乐饭店",他在那里的账单已经预付过了。他这时真是乐不可支.外套口袋里放着飞往芝加哥的机票,裤袋里则装着护照和钱。后来这个青年突然遇到晴天霹雳,他准备就寝时,才发现皮夹不翼而飞。他立刻跑到柜台那里。"我们会尽量想办法。"经理说。

第二天早上仍然找不到,卓根的零用钱连两块都不到。自己孤零零一个人待在异国他乡,应该怎么办呢? 打电报给芝加哥的朋友向他们求援? 还是到丹麦大使馆去报告遗失护照? 还是坐在警察局里干等? 他突然对自己说:"不行,这些事我一件也不能做。我要好好看看华盛顿。说不定我以后没有机会再来,但是现在仍有宝贵的一天待在这个国家里。好在今天晚上还有机票到芝加哥去,一定有时间解决护照和钱的问题。我跟以前的我还是同一个人。那时我很快乐,现在也应该快乐呀。我不能白白浪费时间,现在正是享受的好时候。"于是他立刻动身,徒步参观了白宫和国会山庄,并且参观了几座大博物馆,还爬到华盛顿纪念馆的顶端。他去不成原先想去的阿灵顿和许多别的地方,但他看过的,他都看得更仔细。他买了花生和糖果,一点一点地吃以免挨饿。

等他回到丹麦以后,这趟美国之旅最使他怀念的却是在华盛顿漫步的那一天。在多事的那一天过了五天之后。华盛顿警方找到他的皮夹和护照,并且送还给他。

试想,如果卓根因为钱夹丢失而郁郁寡欢,始终只是做无谓的等待的话,那么他就会让那一天白白地溜走,同时还会丢失一份最为珍贵和美好的回忆。

现在就开始行动,可以帮助你脱离恐惧和困扰。当你害怕在课堂上回答问题的时候,不妨立即行动,马上举起手来,你会发现你的恐惧在瞬间竟然一扫而光,而如果拖拖拉拉,徘徊不定的,你就会愈来愈不想回答了;当你有了疑问想找老师解答而又有所害怕的时候,不妨马上就拿起题目,去向老师讨教,回来后你会发现其实这是一件非常轻松的事情,如果你现在不能鼓起勇气去提问,那么你可能永远都不会鼓起勇气去提问了。

**有人曾说,做事成功的秘诀就四个字:现在行动。**心理学家兼哲学家威廉·詹姆士说:"种下行动就会收获习惯;种下习惯便会收获性格;种下性格便会收获命运。"所以,请你养成现在就开始行动的习惯,可以先从小事上去加以练习,随着时间的累积,"现在就开始行动"的观念就会渗入你的思想,这样你也很快便会养成一种强而有力的习惯,在紧要关头或有机会时便会"立刻掌握"。举个简单的例子。你的闹钟时间是早上的六点,可是当闹钟响起时,你却觉得睡意正浓,于是迷迷糊糊地将闹铃关掉,然后倒头再睡。如果让这种状况持续下去,久而久之,睡懒觉的习惯也就会跟你如影随形。而如果你的潜意识把"现在就去做"闪到意识里,你就不得不立刻爬起来不睡了。

如果你不立刻行动,你连失败的机会都没有,也就无法从失败中吸取教训,从头再来。

梦想,是每个人都拥有的。因为心中有梦,我们才不甘平庸、不愿随波逐流,才勇于放手一搏,活出精彩的人生!但无论你的梦想是远大还是渺小,它和现实之间都需要一架梯子来攀缘,而这架梯子就是我们的行动。只要我们有所行动,我们的梦想就可以一个一个成为现实。

**有句话说得好:"100 次心动不如一次行动!"行动是一个人能力有多大的证明,也是一个人敢于改变自我、拯救自我的标志。**光会想会说,永远都不可能获得实质性的进展,美好的想法与漂亮的说辞就像镜中花、水中月一样,永远都是虚无缥缈的,得不到一点实际的东西。只有立刻行动起来,并且不要有任何的耽搁,才能实现理想。因为世上成功的道路有千条万条,但是行动却是每一个成功者必须要付出的,行动也是通向成功的捷径。

在世界各地拥有 4300 家快餐店的温迪国际公司创始人、商务经理戴维·托马斯,在他 12 岁的时候,全家搬到了田纳西州的诺克斯维尔。由于家里生活条件困难,戴维只得一边上学一边打工。为了尽快在当地找到工作.他想去一家餐厅试试,但是那家餐厅只能雇佣 16 岁以上的少年,而他比规定年龄小了 4 岁。

餐厅的老板莫尔迪和萨加特都是墨西哥移民,刚来到田纳西州时,他们曾经做过洗盘子和送外卖的工作。他们十分要好而且都很勤奋,两个人经过几年的努力奋斗,合伙开了这家餐厅。戴维得知这家餐厅正需要一个人帮忙,这份工作每小时可以挣到 25 美分。但是他不知道怎么样才能得到这份工作,因为他担心自己的年龄太小了。

戴维把自己的疑虑告诉了父亲。父亲鼓励他说:"你不去试试怎么能知道人家要不要你呢?孩子,无论做什么事情,都必须大胆地去尝试,不可以还没有开始就轻言放弃。"

在父亲的鼓励下。戴维勇敢地走进了那家餐厅,对莫尔迪和萨加特说:"我很渴望得到这份工作,你们可以给我一个机会吗?我会把工作做得很好。"

莫尔迪说:"孩子,只要你愿意努力尝试,你就能为我们工作;如果你不努力尝试,我们是不会让你为我们工作的。"

于是戴维走上了便餐台。当时通常的小费是一个 10 美分的硬币,但如果他能很快把饭菜送给顾客并且他的服务能够令顾客满意,有时就能得到 25 美分的小费。戴维为自己的第一份工作而感到自豪,并且努力使每一位顾客都满意他的服务。在一个晚上。他创下了周到地接待了 100 位顾客的记录. 相应地,他得到了更多的美分作为回报。

他出色的服务得到了顾客的赞誉,也得到莫尔迪和萨加特的赏识。在日常的工作中,他们教给戴维很多创业的经验以及解决突发问题的方法。戴维将这些宝贵的经验教训都牢牢地记在脑子里. 这为他日后的创业打下了良好的基础。

戴维从一个小小的打工者,成为拥有全世界 4300 家快餐店的温迪国际公司创始人、商务经理,看起来两者的差距是这么悬殊。但他从第一天工作就学会了如何使自己的梦想成真,那就是努力尝试,而不轻言放弃。

实现自己的目标是一个艰难而漫长的过程,在很多时候当我们看不到目标的实现之日时,免不了会感到迷茫和失望,甚至会产生放弃自己的梦想的想法;在遇到困难与挫折的打击后,也免不了经常怨天尤人,为消极的执行力寻找借口。**但是看看成功者的经历,我们会发现,他们也会遇到困难,但他们不会被困难所吓倒,而是更加坚定目标,用自己的行动去战胜各种困难!**

所以只要你心中坚定了信念,就赶紧让自己行动起来。这会使你前行的车轮运转起来,并创造你所需要的必要动力。有一位演讲家曾经说过这样一段话:"说空话只能导致你一事无成,要养成行动大于言论的习惯,那么即使是再艰难、再巨大的目标也是能够实现的。"

32 岁的怀特是个很普通的年轻人.和太太还有一个可爱的小女儿租房子住在一幢小公寓里。随着女儿一天天长大起来,他们很渴望拥有一套自己的房子,能够有较大的活动空间,有比较干净的户外环境,小女儿能够拥有一间属于她自己的房间。

他们的家庭收入属于中等水平,每月除了房租和基本的生活费用,就没有什么剩余了,他们几乎没有存款。因此对于他们来说,买房子是件大事,而且有很大的困难。

有一天,当怀特再一次在用于付房租的支票上签字的时候,他突然一阵冲动,跑下楼买了一份房产杂志,挑选了一套比较中意的房子,并且按照贷款利率的计算方法计算了如果买下这套房子他们需要的首付款和每月应还款的数额。他发现,每月应还款的数额与他们现在每月的房租几乎是一样多的,也就是说,如果他们买下这套房子是有能力每月按时还款的.只是他们没有足够的首付款。

下班后,怀特对刚刚回到家的太太和女儿说:"下个星期我们就去买一套新房子,就是这套",说着把手中的房产杂志递给她们,并指着上面他选中的那套房子。

女儿看着杂志上面漂亮宽敞的房子,高兴得手舞足蹈。可是太太却叫了起来,"你疯了吗?这想法太突然了!我们哪有那么多钱去买这样一套房子?就算我们能够每月按时还款,可是我们根本没有钱交首付款!"

但是怀特似乎已经下定了决心："跟我们一样想买一套新房子的人们大有人在. 其中只有一半的家庭能如愿以偿,一定是什么想法使他们打消了这个念头。虽然我现在还不知道怎么凑钱,可是我一定要想办法为我们买这套房子。"

第二天,怀特真的为新房子的事情开始奔波了。首付款需要12000美元。现在的问题是如何凑够这12000美元。他知道无法从银行借到这笔钱,因为这样会妨碍他的信用,使他无法获得一项关于销售款项的抵押借款。

怀特突然想到为什么不直接找房产承包商谈谈. 向他私人借款呢?想到马上就去做! 承包商起初很冷淡。但由于怀特的态度很诚恳,并一直坚持,他终于同意怀特把12000美元的借款按月交还1000美元,利息另外计算,一年还清借款。

手中握着借款合同,现在的问题是每个月要凑出1000美元。怀特和太太想方设法,省吃俭用,每月可以从生活费中省下250美元,可是还有另外的750美元怎么办呢?

怀特又想到另一个好办法。第二天早上他到公司。先向老板说清楚了这件事,然后对老板说:"您看,为了买房子,我每个月要多赚750美元才行。我知道,当你认为我值得加薪时一定会加,可是我现在很需要多赚一些钱。公司的某些事情可能在周末做更好,您能不能答应我在周末加班,有没有这个可能呢?"

老板被怀特的诚恳感动了。同意安排一些事情让他在周末工作十小时。并付给他每月750美元的加班费。

怀特一家高高兴兴地搬进了新房子。

**在生活中,当我们面临一件大事的决定时,心里一定会很矛盾,会面对到底要不要做的困扰,** 往往我们会把问题看得很严重,把困难想象得很多,因而在还没有动手去做以前,就自己把自己否定了。

而怀特之所以能成功,就在于他认准了目标就行动,不想那么多,不犹豫,在做的过程中,遇到问题,解决问题,终于通过努力实现了自己的

目标。

　　也许很多青少年朋友早已为自己的未来勾画了一幅宏伟蓝图，但如果不去加以落实，永远只能像一所只有设计图纸而没有盖起来的房子一样，只能成为一个空中楼阁。成功在于意念，更在于行动。美丽的梦想让我们对于生活充满了向往与希望，但如果不化梦想为行动，那么梦想就只能成为毫无意义的空想！从现在就开始行动吧，只要我们有所行动，我们的梦想就可以一个一个成为现实！

## 心灵悄悄话
### XIN LING QIAO QIAO HUA

　　古语说"行成于思，行胜于言"，人生要想得到成功的青睐，就必须把学习与行动结合起来。记住一句话：行动了不一定就会成功，但不行动却绝对不会成功。

# 专注于一件事才有希望

一次做好一件事,是一个高效能人士获取成功不可或缺的一项习惯。只有当你一心一意去做每一件事情时,你才能把它做好。

李果是一家广告公司的创意文案。一次,一个著名的洗衣粉制造商委托李果所在的公司做广告宣传,负责这个广告创意的好几位文案创意人员拿出的东西都不能令制造商满意。没办法,经理让李果把手中的事务先搁置几天,专心把这个创意文案完成。

连着几天,李果在办公室里抚弄着一整袋洗衣粉在想:"这个产品在市场上已经非常畅销了,人家以前的许多广告词也非常富有创意。那么,我该怎么下手才能重新找到一个点,做出一个与众不同、又令人满意的广告创意呢?"

有一天,她在苦思之余,把手中的洗衣粉袋放在办公桌上,又翻来覆去地看了几遍,突然间灵光闪现,想把这袋洗衣粉打开看一看。于是找了一张报纸铺在桌面上,然后,撕开洗衣粉袋,倒出了一些洗衣粉,一边用手揉搓着这些粉末,一边轻轻嗅着它的味道,寻找感觉。

突然,在射进办公室的阳光照耀下,她发现了洗衣粉的粉末间遍布着一些特别微小的蓝色晶体。审视了一番后,证实的确不是自己的眼睛看花了。她便立刻起身,亲自跑到制造商那儿问这到底是什么东西。得知这些蓝色水晶体是一些"活力去污因子"。因为有了它们,这一次新推出的洗衣粉才具有了超强洁白的效果。

明白了这些情况后,李果回去便从这一点下手,绞尽脑汁,寻找最好的文字创意,因此推出了非常成功的广告方案。广告播出后,这项产品的

销量急速攀升。

相反，一个人从事某项工作，如果不能全神贯注，不能集中精力，就很容易出差错。

在亚特兰大举行的薛塔奇10公里长跑比赛，其赞助者是健怡可口可乐公司。为了促销产品，健怡可口可乐的商标显著地展示在比赛申请表格、媒体、T恤衫比赛号码上。

比赛当天早上，大会的荣誉总裁比利格站在台上说："我们很高兴有这么多的参赛者，同时特别感谢我们的赞助商健怡百事可乐。"站在比利格背后的可口可乐公司代表极为愤怒："是健怡可口可乐，白痴！"超过1000位的参赛者一片哗然……

当时比利格感到万分的羞辱和懊悔。他事后说："我知道是可口可乐，但是我当时分心走神了，结果洋相百出，给人留下笑柄，可口可乐公司也对我不满。就是在那要命的一天，我知道了专注的重要性。"

比利格的教训告诉我们，一个人如果不集中注意力做一件事，那么不管他的工作条件有多好，他也无法做好自己的工作。

著名的IBM公司在招聘员工时，特别注重考察应聘者的专心致志的工作作风。通常在最后一关时，都由总裁亲自考核。

营销部经理约翰在回忆自己当时应聘情景时说："那是我一生中最重要的一个转折点，一个人如果没有专注工作的精神，那么他就无法抓住成功的机会。"

那天面试时，公司总裁找出一篇文章对约翰说："请你把这篇文章一字不漏地读一遍，最好能一刻不停地读完。"说完，总裁就走出了办公室。

约翰心想：不就读一篇文章吗？这太简单了。他深呼吸一口气，开始认真地读起来。过一会儿，一位漂亮的金发女郎款款而来："先生，休息一会儿吧，请用茶。"她把茶杯放在桌上，冲着约翰微笑着。约翰好像没有听见也没有看见似的，还在不停地读。

又过了一会儿，一只可爱的小猫伏在他的脚边，用舌头舔他的脚踝，他只是本能地移动了一下他的脚，丝毫没有影响他的阅读，他似乎也不知道有只小猫在他脚下。

那位漂亮的金发女郎又飘然而至,要他帮她抱起小猫。约翰还在大声地读,根本没有理会金发女郎的话。

终于读完了,约翰松了一口气。这时总裁走了进来问:"你注意到那位美丽的小姐和她的小猫了吗?"

"没有,先生。"

总裁又说道:"那位小姐可是我的秘书,她请求了你几次,你都没有理她。"

约翰很认真地说:"你要我一刻不停地读完那篇文章,我只想如何集中精力去读好它,这是考试,关系到我的前途,我不能不专注一些更专注一些。别的什么事我就不太清楚了。"

总裁听了,满意地点了点头,笑:"小伙子,你表现不错,你被录取了!在你之前,已经有 50 人参加考试,可没有一个人及格。"他接着说:"在纽约,像你这样有专业技能的人很多,但像你这样专注工作的人太少了! 你会很有前途的。"

果然,约翰进入公司后,靠自己的业务能力和对工作的专注热情,很快就被总裁提拔为经理。

黄帅民是东莞速达科技有限公司董事长、总经理,一个年仅 30 岁的亿万富翁。翻开他成功的简历,人们不难发现,中国许多成功企业家所拥有的经历,在他身上也能发现:白手起家,从打工仔到跑营销再到自己做老板、办实业。

他初到广东打工时,就懂得踏踏实实地做事的重要性。在工厂里,他心无旁骛,只知道低头做好自己的工作。一次,工厂的老板来巡视,黄帅民没有像其他工人那样抬头观看,而是一心一意专注于自己的工作。正是他的这种埋头苦干、专注的态度为他赢得了机遇。不久,他就得到赏识,获得了提拔。也就从那时起,他开始与外面有了沟通,能力也得到了持续的提高,从场务管理做到业务主管,知识和经验越来越丰富,此后逐步走向成功。

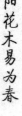

做事专注，是一个员工纵横职场的良好品格。**一个人不能专注自己的工作，是很难把工作做好的**。在当今时代，没有哪家企业、那个老板会喜欢做事三心二意、三天打鱼两天晒网的员工。从这种意义上说，工作专心致志的人，就是能把握成功机遇的人，只有一心一意做事的人，才能受到老板的器重与提拔。

全神贯注于正在做的事情，集中精力处理完毕后，再把注意力转向其他事情，着手进行下一项工作。

美国钢铁大王卡内基把自己的成功归因于勤奋和对某个目标持之以恒的毅力。他说："我专心致志于一件事情的时候，好像世界上只有这一件事。"正是这种对自身奋斗目标的清楚认识和执着追求，造就了他最后的成功。

李力原来在出版社从事校对工作，她曾为自己定下一条原则：除非有特殊紧急事件，否则就要全身心地投入到校对工作中去。她将所有的精神集中在一件事情上，即创造一个有创意与高效率的工作环境。换句话说，一坐到桌前，她就不再想别的事，哪怕手中的书稿校对到最后一页，她也绝不会去想下一部书稿的事。

没多久，李力就发现，她的这条原则能让她专心致志地去做，而且很少感到校对是一件枯燥无味的工作。她甚至发现一个小时的专心工作，抵得上一整天被干扰工作的成果。

当你集中精神，专注于眼前的工作时，你就会发现你将获益匪浅，你的工作压力会减轻，做事不再毛毛躁躁、风风火火。

由于对工作的专注，还能激发你更热爱公司，更热爱自己的工作，并从工作中体会到更多的乐趣。

盖尔克是西门子中国区第一任销售总经理，他为德国西门子公司的电器产品占领中国市场立下了汗马功劳，他本人也因此赢得了名誉，取得了巨大的成功。

有记者采访他："你可以透露一下成功的秘诀吗？"

盖尔克说："秘诀谈不上，我从 1983 年开始在西门子工作，用中国人的话说已经有 19 年工龄。我始终有一个座右铭：工作要专心致志，一次只做好一件事。近 20 年来我一直坚持这样的信念，在西门子的市场部、产品销售部都工作过，如果说取得了一点成绩，这就是其中的原因。"

一名高效能人士不仅要养成专注工作的习惯，而且还要把专注工作看成是自己的使命。

**当今时代，做事是否专注，已成为衡量一个人职业品质的标准之一。**一些企业文化提倡"爱岗、敬业"，倡导"干一行，专一行"，而我们工作中能够做到专注，全身心地投入，便是务实、敬业最基本、最实在的体现。如果上班做事时脑子里还想着球赛、彩票、电影、股票等等一些与工作无关的东西，连最基本的"专注"都做不到，如此身在曹营心在汉，谈何爱岗，又谈何敬业？更不用提精与专了！

只有把专注工作当作工作的使命并努力去做养成一次做好一件事的习惯，你的工作才会变得更有效率，你也更能乐于工作，而且还更容易取得成功。对每一个高效能人士来说，这无疑是再好不过的结果。

## 心灵悄悄话
### XIN LING QIAO QIAO HUA

一个人在进行工作时，应该专注当前正在处理的事情。如果注意力分散，头脑不是在考虑当前的事情，而是想着其他事情的话，工作效率就会大打折扣。即使事情再多，我们也要一件一件地进行，做完一件事情就了结一件事情。

第五篇　新角度，新希望

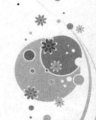

# 第六篇　在绝望中寻找希望

有没有明确要走的路,精神状态是完全不一样的。

明确了自己要走的道路的人,会千方百计去达到预定的目标;反之,没有明确要走的路的人,就会感到无所追求,无所事事,结果自然是一事无成,碌碌无为地度过一生。一个人若没有明确自己要走的路,就像一个射手看不到靶子,不知从何下手。西方有句谚语说得非常好:"如果你不知道你要到哪儿去,那么通常你哪儿也去不了。"

"得不到最好的,我将得到更好的!"背负太重,你又何苦不放弃,今天的放弃,是为了明天的获得。学会放弃,只有这样才能够懂得选择。

# 放弃的智慧

选择放弃,不是因为不再爱你,而是由于在乎你,放弃你,意味着放弃幸福,放弃自己,可是我别无选择,最终还是选择放弃,这是一局未曾走完的棋,这是一场无言的结局……

都说"得不到的东西是最美丽的!"既然明明知道不能够得到,干吗非要去得到? 明明知道得不到的是最美丽的,干吗去强求呢? 苦苦去追寻一份不属于自己的感情,迷失的总是自己……

放弃,何尝不是一种美丽?

放弃,何尝不是一种解脱?

放弃了,为了更好的选择,何尝不是另一番美丽?

**"得不到最好地,我将得到更好的!"背负着太重,你又何苦不放弃,今天的放弃,是为了明天的获得。**该学会放弃,只有这样才能够懂得选择,我知道谈何轻易放弃,说得轻松,放弃是如此的难! 没有什么值得这么苦苦的固守,毕竟她不再属于你,你又何必舍不得放弃? 该放弃的就放弃吧!

选择了放弃,就该轻装上阵,潇洒走一回……

爱过了,放弃了,为了选择。

放弃不是最好的选择吗?

不懂得选择与放弃只有死路一条。

老人用纸给孩子做了一条长龙。

长龙腹腔的空隙仅仅只能容纳几只半大不小的蝗虫慢慢地爬行过去。

但老人捉过几只蝗虫,投放进去,它们都在里面死去了,无一幸免!

老人说:蝗虫性子太躁,除了挣扎,它们没想过用嘴巴去咬破长龙,也不知道一直向前可以从另一端爬出来。因此,尽管它有铁钳般的嘴壳和锯齿一般的大腿,也无济于事。

当老人把几只同样大小的青虫从龙头放进去,然后再关上龙头,奇迹出现了:仅仅几分钟时间,小青虫们就一一地从龙尾默默地爬了出来。

蝗虫的死是因为它不懂得去选择,它只知道不停地挣扎,也不懂得放弃,所以只有死路一条;而青虫却恰恰相反,它懂得放弃,知道如何去选择,它活了下来。

命运一直藏匿在我们的思想里。许多人走不出人生各个不同阶段或大或小的阴影,并非因为他们天生的个人条件比别人要差多远,而是因为他们没有想过要将阴影纸龙咬破,也没有耐心慢慢地找准一个方向,一步步地向前,直到眼前出现新的明天。

**我们都有过很多梦想,但不是每个梦想都能够实现的,当满怀的希望落空时,生活也似乎变得灰暗了。**过分的执着,执着于一个不可能实现的梦想,对于人生却是一种沉重的负担,一种负面的影响,甚至是一种伤害。于是要懂得放弃。正如盛开的鲜花为了结出自己的果实,就必须放弃自己美丽的容颜;要想拥有星河灿烂的夜空,就得放弃白昼;要想拥有浪漫的雨中漫步,就要放弃自己可爱的阳光。放弃了奢望,放弃了不可能实现的梦想,脚踏实地,才能活得真实从容,走出真正属于自己的路来,放弃了不可能的结束,才能重新开始。

放弃一份感情,有时的确比开始要难。我能理解日久情深的恋恋不舍,但我不明白的是,为什么明明知道自己是错了,还不去改?不是你的,为什么还不放弃?争取?明明不存在或不可能的事也能争取吗?很多事的结局一开始就已经是注定的,作再多的努力也只是枉费心机。既然如此,我们何不放弃呢?放弃,又何尝不是一种解脱呢?放弃了一个人的爱,可同时也又获得了重新去爱人和被人爱的权利,得何以喜弃又何以悲?我坚信:一个浪花消去时,必将引起另一个更加美丽的浪花。

深山里有两块石头，第一块石头对第二块石头说："去经一经路途的艰险坎坷和世事的磕磕碰碰吧，能够搏一搏，不枉来此世一遭"。

"不，何苦呢。"第二块石头说，"安坐高处一览众山小，周围花团锦簇，谁会那么愚蠢地在享乐和磨难之间选择后者，在说那路途的艰险磨难会让我粉身碎骨的。"

于是，第一块石头随山溪滚涌而下，历尽了风雨和大自然的磨难，他依然义无反顾执着地在自己的路途上奔波，第二块石头讥讽地笑了，它在高山上享受着安逸和幸福，享受着周围的花草簇拥的畅意抒怀，享受着盘古开天辟地时留下的那些美好的景观。

许多年以后，饱经风霜，历尽尘世之千锤百炼的第一块石头和他的家族已经成了世间的珍品、石艺的奇珍，被千万人赞美称颂，享尽了人见的富贵荣华。第二块石头知道后，有些后悔当初，现在它想投入到时间风尘的洗礼中，然后得到像第一块石头那样的拥有的成功和高贵，可是一想到要经历那么多的坎坷和磨难，甚至疮痍满目、伤痕累累，还有粉身碎骨的危险，便又退缩了。

有一次，这个部落得了一场怪病，很多人都感染了这种病。本族的医生都束手无策，不得已，族长只好求助于外族的一位神医。起初，这位神医怎么也不肯答应去看病，原因就是这个部落的约定让他无法忍受。族长就一再请求，说是族人实在是无法自救，而且很多人都在病危之中，恳求神医一定出手相救。神医考虑到人命关天，最后还是答应下来了。

神医来看病的那一天，族长说，好不容易把神医请来，为了部落的福祉起见，这次大家就破一次例穿上衣服吧。于是全族人都穿西装，打领带，等待那一刻的到来。

神医到来的钟声响起，大门一开，大家都惊呆了：只见老神医全身一丝不挂，斜背着一个药箱走了进来……

一个风和日丽的假期里，医生的妻子让丈夫去帮忙杀鸡。

医生正在琢磨第二天的解剖课，妻子喊了好几声都没有听到，妻子气急败坏地来到丈夫的身旁，大声喊道："我叫你去杀鸡，怎么不回答我啊!"丈夫一下子醒过了神,拿起了磨得很是锋利的刀,来到了鸡笼旁,伸手从笼子里掏出了那只很肥的母鸡。

医生手里提着母鸡正在有些不知所措的时候,妻子的催促声又不断地传来,"快点啊,我去烧水了啊!"医生犹犹豫豫地举起刀用力地向鸡的脖子砍去,鲜血从鸡的脖子流了出来,接着医生就开始分解尸体首先是给这只鸡的胸腔打开,从里面整齐地取出鸡的心、肝,胃以及肠子并整整齐齐地放在旁边,然后是取下鸡的翅膀,腿以及整只鸡的骨骼,取出骨骼后小心翼翼地把每一块骨头按照位置摆放好,把手洗干净站在那里欣赏起了自己的杰作。这时妻子走了过来,看到的是一小块一小块的没有拔过毛的鸡肉,还有一堆摆放的很规整的鸡骨头。

**过分执着地做事,往往是得不到需要的结果。**

动物园最近从国外引进了一只极其凶悍的美洲豹供人观赏。为了更好地招待这位远方来的贵客,动物园的管理员们每天为它准备了精美的饭食,并且特意开辟了一个不小的场地供它活动和游玩。然而客人始终闷闷不乐,整天无精打采。

也许是刚到异乡,有点想家吧? 谁知过了两个多月,美洲豹还是老样子,甚至连饭菜都不想吃了。

眼看着它就要不行了,园长惊慌了,连忙请来兽医多方诊治,检查结果又无甚大病。万般无奈之下,有人提议,不如在草地上放几只美洲虎,或许有些希望。

原来人们无意间发现,每当有虎经过时,美洲豹总会站起来怒目相向,严阵以待。

果不其然,栖息之所有了美洲虎的加入,美洲豹立刻变得活跃警惕起来,又恢复了昔日的威风。

某电视台的一个节目,请来一个羊倌,包着头巾,胡子拉碴。第一次面对镜头,他立在台上手足无措,很愚很淳朴。

他要模仿男高音戴玉强,主持人说他是著名的羊倌,也是著名的歌唱家。台下发出唏嘘声,他也傻傻地笑——这样的笑容是那种与土地打交道、有着土地一样的本质和性格的农民才会有的。

让他唱《今夜无眠》，音乐一响起，立在台上的他竟有七分粗犷、三分豪放的艺术效果。令人叹为观止。《今夜无眠》经他一演绎，竟难辨真假。再看他已陶醉在音乐中，那份投入，哪像一个农民，又哪是一个羊倌，简直就是一个具有感染力的艺术家！

一曲终罢，台下响起雷鸣般的掌声。

因为他的嗓音未加修饰，具有大山的粗犷，溪水的缠绵，土地的深厚，让人不能不为之动容。

我想这位羊倌的人生大概有两种角色。放羊的时候能看到一个男人的粗犷和血性的力量；唱歌时，能看出他的灵魂他的情感，他的喜怒哀乐。没有这两样，他可能与别人无异。

前些天看一份报纸，歌星李克勤对演唱组 Beyond 乐队成员之一的黄贯中说："你在台上真的好酷，握住吉他真是好有型。不过，放下吉他后，就变成了一个普通人。"

这话真是妙极了。

**艺人如此，普通人也如此。不论你在社会上扮演何种角色，一旦脱离自己的角色，我们就都成了普通的俗人。**

心灵悄悄话
XIN LING QIAO QIAO HUA

第六篇　在绝望中寻找希望

　　该执着时执着，该放弃时放弃，衡量清楚，知己知彼，才不会太过于委屈自己。苦苦追求于一份不属于自己的感情，不作迷失了自己，也徒然地耗费了青春和精力，作出不必要的牺牲。

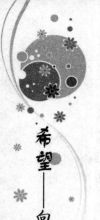

# 在绝望中腾飞

执着的追求,艰辛的磨炼,是在为未采播种。一旦遇上机遇的春风,勤勉的种子就会生根发芽,破土而出,苗壮成长,并赢得璀璨而芬芳的未来。

在黑龙江北大荒生产建设兵团一师一团,一个哈尔滨来的知青在团宣传股做报道员。在工作之余,他总是抓紧时间看书写作,并试着写一些小文章寄到建设兵团的《兵团战士报》。这些文章虽然稚嫩,但是它们的发表却使他深受鼓舞。

一天,他正硬撑着和伙伴们抬大木,连长把他叫过去,说有一名复旦的老师要见他,叫他立即到招待所去。"负担? 什么负担?"当时小伙子尚不知复旦说的是何物。

到了招待所才知道,来人是复旦大学政治经济系的一位陈老师。他热情地询问年轻人都读过哪些文学书籍,最喜欢哪些……能有一位大学老师认真地和一个知青谈文学,这使年轻人十分高兴。他谈了许多,把自己很多的想法都说了出来。陈老师显出很高兴的样子。

隔了3天,陈老师又把年轻人找到招待所,对他说:"你的档案我已经寄到复旦大学了。如果复旦复审合格,你就是复旦大学中文系创作专业的学生了。"

年轻人一下子惊呆了。

原来,那一次招生,整个东北地区只有两个复旦大学的名额,都分在年轻人所在的兵团,而其中一个又分在了他的团场。陈老师住在招待所时,偶尔读《兵团战士报》,发现这个年轻人的一篇散文,觉得他很有文学天赋，便到宣传股，把他几年来发表的小诗、小散文、小小说统统找到，认真读了，然后他又亲自到招生办去交涉。就这样，这个年轻人的名字同复旦大学连在了一起。

这个年轻人就是后来以中篇小说《今夜有暴风雪》而声震文坛的著名作家梁晓声。

试想想，当时兵团里的知青那么多，为什么幸运之神偏偏降落到他的头上呢？这得归功于他的积累和准备。为了实现自己的理想，在兵团那样艰苦的环境里，梁晓声始终坚持写作，默默地锤炼自己。尽管他发表在《兵团战士报》的还只是些不成熟的小文章，但正是这些小文章，使他佩戴上了复旦大学的校徽，为他打开了通向成功的大门。

**执着的追求，艰辛的磨炼，是在为未来播种。一旦遇上机遇的春风，勤勉的种子就会生根发芽，破土而出，苗壮成长，并赢得璀璨而芬芳的未来。**

敢于蔑视书本教条，摆脱习俗偏见，敢于我行我素，坚持真理，你便会出类拔萃，一览众山，开创一片新的天地。相信自己，特立独行，这便是天才的品格。

著名科学家福尔顿，曾经由于某项研究过程的需要，被迫测量固体氦的热传导度。他以完全正确的方法测量，可是测得的数字却比当时人们所想象的数字大 500 倍。

福尔顿将自己测得的结果与过去的理论相对比，觉得差得太远，因而没有发表自己的实验结果。也就是说，他没有把这个新的"信息"或者"事实"写在自己的旗帜上。

在福尔顿之后，美国一位年轻的科学家在测量固体氦的热传导度过程中也得到过这样的结果。和福尔顿不同的是，他立刻将这个事实发表，并由此推出一种新的热传导度测量法。而且，他的这一新发现受到了全世界的瞩目。

我们不难想象福尔顿的内心是何等的懊恼。他回忆这段经历，痛苦地说："如果当时我除去名为'习惯'的帽子，而戴着称为'创造'的帽子，

第六篇　在绝望中寻找希望

那个年轻人绝不可能抢走我的荣耀。"福尔顿的遗憾,是他把自己新的发现,掩埋在陈腐的"习惯"和"传统"之中,从而遮蔽了成功的光芒。这使我们想起了瑞典科学家阿列纽斯。阿列纽斯于 1882 年在瑞典科学院物理学家爱德龙德的指导下进行了测定电解质导电率的研究工作。他把测定结果写成一篇博士论文寄给母校多普沙拉大学。由于该校学位评议委员的成员们还不理解论文的深刻意义,因而错误地评为四等。

"四等"就意味着参加博士考试的失败。但是,阿列纽斯在挫折面前没有退却,没有消沉,他将这篇落选的博士论文和一封附信一起寄给德国加里工学院物理化学家奥斯特瓦尔德。

奥斯特瓦尔德仔细地阅读了论文和来信后,被深深地打动了,连呼"真了不起"。1884 年 8 月,他亲自前往瑞典访问了阿列纽斯,对那篇落选的论文给予高度的评价,并代表加里工学院授予他博士学位。

更令人惊喜的是,阿列纽斯在此基础上继续努力,并于 1903 年因这一成就获得了诺贝尔奖!

阿列纽斯不畏权威,坚持自我,勇于探索,最终问鼎辉煌。

**敢于蔑视书本教条,摆脱习俗偏见,敢于我行我素,坚持真理,你便会出类拔萃,一览众山,开创一片新的天地。相信自己,特立独行,这便是天才的品格。**

美国的保罗·纽曼,1954 年出演的处女片是英国导演维克托·萨维尔执导的爱情片《银酒杯》。这是一部失败的影片,他的家人也不客气地把它评为"一部糟糕的影片"。此后,洛杉矶电视台突然决定重新在一周内连续放映该片,显然是有意让他在公众面前"现丑"。

保罗开始对此异常恼火,觉得洛杉矶电视台对自己太"狠毒"了,让自己无地自容。但经过冷静思考后,心里很快恢复了平静,不但不再怪罪别人,还想借此作为自己一个"悔过自新"的机会。于是决定"自揭疮疤",便自费在颇有影响的《洛杉矶时报》上连续一周刊登大幅广告:"保罗·纽曼在这一周内,每夜向你道歉!"此举轰动全美。他不仅未因此出丑,他的坦诚和大度反而得到绝大多数人的同情和谅解,从而声誉大增,好评如潮。

　　这件事给了他很大的启发,使他懂得了如何对待自己的不足,对待别人的批评,以及如何面对前进道路上的困难和坎坷。接着,保罗在影片《朱门巧妇》中出演一位美国富豪不重名利的儿子,他将角色的一系列心理变化刻画得极为细致,颇具爆发力。这部影片使他第一次荣获了奥斯卡奖最佳男主角的提名。1961 年,他凭借影片《江湖浪子》第二次获得奥斯卡奖最佳男演员的提名。然而,不幸的是,直到 20 世纪 70 年代和 80 年代初,他凭着在《原野铁汉》《铁窗喋血》《并无恶意》等影片中的出色演艺,曾前后 7 次获得奥斯卡奖的提名,却总与"小金人"无缘。但保罗并未因此灰心丧气,而是绝不放弃,发愤努力。1986 年,他终于迎来了一生中辉煌的转折点——他在著名导演马丁·斯科赛斯执导的《俭钱本色》影片中炉火纯青的演技获得了第 59 届奥斯卡奖最佳男主角,摘得了影帝的桂冠。保罗还先后获得过戛纳影展最佳男主角、英国电影学院最佳男演员以及柏林影展最佳男主角等大奖。保罗在演艺生涯中,曾在 89 部影片中担任重要角色;而且,1968 年,保罗·纽曼执导的第一部影片《巧妇怨》,使他获得了当年的纽约影评人协会最佳导演的称号,第二年再次获得第 26 届金球奖最佳导演以及第 41 届奥斯卡奖的最佳电影的殊荣。保罗·纽曼,无疑已成为世界亿万影迷心目中的偶像,他已是世界影坛上举足轻重的艺术大师。

**心灵悄悄话**
XIN LING QIAO QIAO HUA

　　失败不要紧,可以吸取教训,从头再来。关键是要承认失败,直面失败,接纳失败,并怀着一颗感恩的心,与失败"共舞",从而坚持不懈,一路向前,那么伟大的成功就会在拐弯处等你。

# 不做命运的奴仆

无论你身在何处,境况如何,只要你愿意,只要你努力,只要你奋发,不做命运的奴仆,就会成为命运的主人,就能抒写新的人生,迎来成功与辉煌。

她是一个印度女孩,1974 年出生于查谟农村。她和身边无数的农村女性和女仆一样,生活充斥着暴力,凄惨悲凉。她和家人随着父亲工作的变换四处流浪,母亲在她 7 岁的时候离家出走,之后她缺吃少穿,不时挨父亲的毒打。12 岁时她就嫁给了一个比自己大 16 岁的丈夫,遭受无情的虐待,13 岁就生下了第一个孩子,后来又生下了两个孩子。为了给自己的孩子一个好一点的前途,她不顾一切离家出走,带着 3 个孩子,在 2000 年来到教授库马尔家里当女仆。她把两个小孩带在身边,把最大的孩子送到别的人家当童工。

她以前也做过女仆,遇到过各种尖酸刻薄的主人。但库马尔似乎比以前那些雇主和蔼很多,还允许她的孩子读书写字。她是一个善于思考的女人。有一次,库马尔发现,她在打扫书柜的时候看着一本孟加拉语的书发愣。于是库马尔问她:"你会读书吗？要看这本书吗?"她回答说自己什么都不懂,但库马尔还是把书塞到了她的手上,那本书名字叫《我的孟加拉少女时代》。书里主人翁的故事与她的遭遇那么相似,就好像在描述她的生活。很快,她又看完了书架上的另外几本小说。

好心的主人发现,这个女仆不仅拥有 7 年级的阅读水平,还对文学感兴趣。于是,他给了她一个练习本和一支笔,让她随便写点什么东西。她莫名地恐惧,也非常迷惘,她不知该写些什么,而且她有十几年没有写过字了。主人说，为什么不写你自己的故事呢。就这样，她开始拿起了笔。

每当夜深人静，家里所有的事情都忙完了，她的孩子也睡着了，她就在仆人的房间里，拿出练习本和笔，一字一字艰难地写下自己的故事，竭力捕捉自己年轻时代的每一个细节。这时，她的孩子们都很奇怪，为什么妈妈开始写字了！

开始，她写得很糟糕，叙述粗糙，记叙重复，有时写着这件事情就跳到别的事情上去了，甚至连拼写和语法也错误百出。但她未经修饰的故事却生动曲折，异常感人，使库马尔感到了巨大的震撼力，于是他帮助她修改一些拼写和语法的错误，不断鼓励她坚持下去。

这样，她越写越得心应手，越写越充满自信。当她的书写到三分之一时，她已俨然一个成熟的作家了。两年后的 2002 年，库马尔将她完成的手稿《恒河的女儿》交给几位出版社的朋友，当年，她这本孟加拉语版本的自传小说就出版了。随后，英文译本《未达平凡的人生》出版，迅速被译介到美国、英国、法国、日本、韩国、中国台湾等几十个国家和地区。其充满泥土芳香的朴素文字和感人肺腑的罕见情节，深深地打动了成千上万的读者，受到文学评论界和媒体的高度赞誉。她的名字叫贝碧·哈尔德，成为闻名印度文坛的"女仆作家"。

**贝碧·哈尔德说："很多女孩和我过着一样艰苦的生活，但没有人觉得有什么异样，而我只不过将它写了出来。"**写书让她最高兴的莫过于父亲对自己和对"女儿"的看法的改变。父亲称赞她，在他们家族里，没有人像她走得那么远。看了她的书后，父亲告诉她如果时间能够倒流，他愿意回到他们还是小孩的时候，改正自己对他们和对她母亲犯下的所有错误。这让她感到十分欣慰。

现在尽管贝碧·哈尔德并没有打算更换女仆的职业，但她正在准备着写自己的第二本小说。她希望成为一名作家，她会继续写下去。在人们眼里，她早已不是一名女仆了。

**命运掌握在自己手中。无论你身在何处，境况如何，只要你愿意，只要你努力，只要你奋发，不做命运的奴仆，就会成为命运的主人，就能抒写**

**新的人生,迎来成功与辉煌。**

在临界点上,就该拿出勇气和决断,毫不犹豫地后退一步,才能海阔天空,赢得生机无限。

前段时间我足上长癣,奇痒无比。去看医生,医生说需做确诊化验。才好配药。来到真菌室化验取样时,一个医生左手拿了一个小玻璃片,右手拿了一把小刀,要从我足上刮些皮屑下来。我发现她并没有在我足癣最严重的中间部位去刮,而是在足癣的边缘刮取,便问其故。她边刮边说:"哦,你可能不知道,癣中间的皮肤已经没有什么营养了。这边缘好皮肤营养多,细菌也多,这叫关注临界点。"

关注临界点?我不由得重复了一句,也引起了我的深思。

事物的发展,都有一个临界点,它直接影响到事情的成败得失,甚至一个人荣辱毁誉的生命走向。但是,人们往往很少关注,或者没能把握住,最终在临界点上"马失前蹄",甚至"毁于一旦"。

人在顺境时,常常忘乎所以,不能自持,便随心所欲,为所欲为,很容易"乐极生悲",走向反面。你当官了,大权在握,春风得意,奉承的人多了,求你的人多了,门庭若市,这时如不警觉,祸患将不期而至。

重庆市规划局原副局长梁晓琦,第一次收取的红包只有 50 元,"那一刻稍有脸红,只是一瞬间"。在清廉与腐败这个临界点上,梁晓琦没有守住,最终受贿 1589 万余元,于 2008 年底被判处死缓。作家柯云路说了一个例子。一个法官,受理一桩案子,有理的一方很穷很冤,值得同情。无理的一方就给钱,打通关节。法官头一次拒绝了,但人家将钱加到 20 万、30 万时,他内心里开始起了冲突。那个案子基本掌握在这个法官手里,有理的父女俩连律师都请不起,更没有任何社会背景,绝无翻身的可能,案子怎么判都没什么风险。但法官于良心不安,下不了狠心。可最终,当钱加到 50 万时,他的良心崩溃了。他做出了错误的判决,眼睁睁看着父女俩在宣判后抱头痛哭。

临界点往往是利害关系冲突的"聚焦点",就看你如何"点破"。

灭吴之后,越王勾践封范蠡为上将军。范蠡深知勾践有猜疑嫉妒之心，大轨之下，难以久居，如不及早退避，日后恐无葬身之地。范蠡给勾践上书说："我听说主忧臣劳、主辱臣死。当年大王受辱于会稽山，我本应该那时就死了，之所以没死，只是为了今日。现在是我该为会稽之辱而死的时候了。"勾践对他说："我刚要把越国分一部分给你来酬答你的功劳，你如果不服从，我就杀了你。"范蠡知道是自己急流勇退的时候了，便在勾践摆庆功宴的那天夜晚，携带金银细软，带西施西出姑苏，载舟而去，辗转来到齐国，跳出了是非之地。他还写信劝说文种："飞鸟尽，良弓藏；狡兔死，走狗烹。越王为人，长颈鸟喙，可与共患难，不可与共富贵，你为何还不离去？"可惜尽管后来文种醒悟，但为时已晚，最后，以"谋反"罪被勾践赐死引颈自刎。

**"文种善图始，范蠡能虑终。"范蠡在临界点上能"居高临下"，见一叶落而知秋至，并义无反顾地抽身而退，不仅保全了性命，还成了富甲一方的陶朱公，成为千古佳话。**

孔子曰："小不忍，则乱大谋。"张公艺一家九世同堂，唐高宗亲自光临他家。问他何以能九世同堂，他写了一个大大的"忍"字回答唐高宗。高宗感动得流下眼泪，于是赏给他家绸缎。人生在世，每每喜欢向前，总以为向前一步，可以得到什么，殊不知有时是火中取栗，得不偿失，祸莫大矣；往往不愿后退，总以为后退一步，会失去什么，殊不知有时是失之东隅，收之桑榆，善莫大矣。

心灵悄悄话
XIN LING QIAO QIAO HUA

　　关键时候，在临界点上，就该拿出勇气和决断，毫不犹豫地后退一步，才能海阔天空，赢得生机无限。

# 换个角度看人生

一个加拿大人，其貌不扬，从小口吃，幼年因病导致左脸局部麻痹，嘴角畸歪，一耳失聪。他讲话时嘴巴总歪向一边。尽管他有这么多缺陷，他不但不自卑，反而奋发图强，成了饱学之士。他还能在演讲时恰到好处地利用诙谐、幽默的语言来弥补自己的缺陷，并不失时机地提高嗓音，以达到理想的效果。尔后，他成了一个颇有建树的人。

1993 年 10 月，他参加加拿大总理竞选。保守党心怀叵测地大肆利用电视广告来夸张他的脸部缺陷，然后问道："你要这样的人来当你的总理吗？"但是，这种极不道德的人身攻讦，却招致了很多选民的愤怒和反感。他泰然处之，毫不隐讳自己的身体缺点，反而博得选民的极大同情，最终率自由党一举结束了 9 年的在野日子，成功地当选为加拿大总理。并在 1997 年大选中再次获胜，连任总理，成为加拿大第一位连任两届、跨世纪的领导人。他就是让·克雷蒂安。

比利时诗人梅特林克所说："揭下你的面纱，别让你的面纱隐蔽了最后的真理和快乐。"美籍华人、著名心理学家李恕信讲了这么一个故事：一个小女孩趴在窗台上，看窗外的人正埋葬她心爱的小狗，不觉泪流满面，悲恸不已。她的外祖父见状，连忙引她到另一个窗口，让她欣赏她的玫瑰花园。果然小女孩的愁云为之一扫，心空顿时明朗。老人托起外孙女的下巴说："孩子，你开错了窗户。"

**的确，人生有喜有悲，有得有失，有欢乐，更有痛苦，就看我们如何去对待。金无足赤，人无完人。**缺陷无论大与小，人皆有之。有的人有了缺陷，自暴自弃，悲观厌世。但有的人，却能将缺陷转为优点，变为优势，化为财富。美国的斯格特，天生一只大鼻子，可以说奇丑无比。但斯格特却很好地利用了这种缺陷，凭借它成为当时最受欢迎的明星，无论走到哪里，他的大鼻子人见人爱。

换个角度看人生，人生无处不飞花。善待自己，自强不息，你将会赢得一个五彩缤纷的未来。

正如树木要历经风雨、溪水要遭遇山石一样。这时，我们别无选择，只有做你自己，勇往直前。

在莱特兄弟首次飞行成功前一年半，有个名叫塞蒙·纽康的学者嘲讽说："想叫比空气重的机器飞上天，不但不可能，而且毫不实用。"

1786 年，莫扎特的歌剧《费加罗的婚礼》初演。落幕后，拿波里国王费迪南德四世，坦率地发表了感想："莫扎特，你这个作品太吵了，音符用得太多了。"

1962 年，还未成名的披头士合唱团，向英国威克唱片公司毛遂自荐，但是被拒绝了。公司负责人的看法是："我不喜欢这群人的音乐，吉他合奏已经太落伍了。"

曾任维也纳大学物理教授的艾伦斯特·马哈说："我不承认爱因斯坦的相对论，正如我不承认原子的存在。"爱因斯坦早在他 10 岁于慕尼黑念小学的时候，任课老师就对他说："你以后不会有出息。"

卢梭 54 岁那年，即 1766 年，被人讽刺为："卢梭有一点像哲学家，正如猴子有点像人类。"

法国小说家莫泊桑，曾有人这样"批评"他："这个作家的愚蠢，在他眼睛上表露无遗。那双眼珠，有一半陷入上眼皮，如牛看天，又像狗在小便。他注视你时，你会为了那愚蠢与无知，打他一百万记耳光仍觉吃亏。"无疑，这不仅仅只是反对，完全是在进行恶毒的人身攻击了。

但是，所有这些，反对也好，诽谤诬蔑也罢，并未阻止他们前进的步伐。相反，在一片嘲笑诅咒的漫骂声中，他们一步步走向了成功。

我们不得不承认，在人生的征途中，我们常常会面对许多不公正的待遇，它们像利剑一样刺伤了我们的自尊心。**可以说，你越是出类拔萃，你**

**受到的阻力也就越多。**正如树木要历经风雨、溪水要遭遇山石一样。这时,我们别无选择,只有做你自己,勇往直前。正如西方一句谚语所说的,尽管狗在狂吠,驼队照样前进。

1977年,一位妇女带着年仅4岁和8岁的两个孩子从青岛来到香港,准备飞往泰国与她的丈夫团聚。谁料到她的丈夫在允许一夫多妻的泰国又另结新欢。这位倔强的妇女便决定留在了香港。为了养活两个女儿,她每天打三份工。一天,她在酒店打工被别人撞倒腰骨裂伤,又患上了糖尿病。此时,她似乎已陷入了绝境。

一天,几位朋友来医院探望她,她希望她们能给她出出主意,给以后找条出路。这时,一个朋友开玩笑地说了一句:"你做的水饺那么好吃,就卖饺子吧。"这位妇女似乎在黑暗中看到了一丝曙光。可哪有钱开铺子啊?"没有钱开铺子,可以推车到街上卖啊!"朋友又怂恿她。

朋友一句玩笑,她却当了真。出院后,她果真推着小车卖起了饺子。头一天,她简直不敢抬头,难堪地推着车子,眼睛始终看着自己的脚尖,一步步向湾仔码头走去……从家里到码头短短20分钟的路程,她却感到这是她一生中走过的最漫长、最坎坷的道路。值得庆幸的是,她终究在创业的道路上迈出了可喜的第一步。

一天,这位妇女的水饺摊来了一位常客。她注意到那位顾客像往常一样,他的碗里又剩下一堆面皮,便问那位顾客什么原因。那位顾客说,你们北方饺子皮像被子一样厚。就为这一句话,那位妇女几天几夜没合眼。她揣摩到,南方人生性细腻,吃水饺讲求馅多皮薄,便潜心研究怎样把饺子皮做薄。几天后,当她盛着满满一碗改良过的饺子一定要让那位顾客免费品尝时,对方被她深深地感动了,说就凭你这样一种精神,你一定会成功的!

终于,这位妇女凭着自己的不懈努力,自己的诚信,自己对事业的真情和执着,她的水饺不仅在香港大受欢迎,还被日本一家批发公司看中。她把饺子命名为"湾仔码头"。1985年她开办了北京水饺厂。如今,她的"湾仔码头"已销往世界各地。她已从一碗水饺到亿万身家。1999年她被选为首届香港女企业家,2000年4月,她荣获第四届世界女企业家奖。她便是被誉为"水饺皇后"的"臧姑娘"臧健和。

"水饺皇后"的经历告诉我们,一个人的特长其实就是一座金矿,只要锲而不舍、竭尽全力去开采,去挖掘,定将会拥有一个富足、辉煌的人生。

真的,有时没有路的路,是一条好路。

## 心灵悄悄话
XIN LING QIAO QIAO HUA

> 是的,人的出身、门第和相貌无法选择,但可以选择自尊、自信、勇气和毅力。关键是要看清自己,看重自己,切不可自怨自艾,妄自菲薄。

第六篇　在绝望中寻找希望

# 每天给自己一个希望

每天给自己一个希望,我们将活得生机勃勃,激昂澎湃。生命是有限的,但希望是无限的。每天活在希望中,我们的人生定将五彩斑斓、韵味无穷。

一年秋天,郭沫若到普陀山游览,在梵音洞里偶尔拾到一本笔记,打开来一看,扉页上写有一联:"年年失望年年望,处处难寻处处寻"。横批:"春在哪里?"翻看下去,里面写着一首绝命诗,还署着当天的日子。

郭沫若看罢叫急,立即让随行的同志去寻找失主。众人四下里找寻,终于及时找到了那位欲绝命之人,原来是一位神色忧郁、行动失常的姑娘。

经过了解,这位姑娘因为考大学三次落榜,爱情又遭受到了挫折,于是决心"魂归普陀"。郭老关心地对她说:"下联和横批太消沉了,这不好。我替你改一改,你看如何?"姑娘低头不语。郭老吟道:"年年失望年年望,事事难成事事成。"横批:"春在心中"。

这一改,使姑娘感动不已。好一个"春在心中"的教诲,把这位姑娘对人生的态度从颓唐转化为进取。

**在人生茫茫的征途上,我们似乎总想寻觅一份永恒的快乐与幸福,总期盼自己付出的所有努力、真心和真情能够得到别人的理解,能够得到应有的回报,能够找到自己珍爱的生活。**然而,生活并不总是像我们想象中的那样一帆风顺,而是常常会伴随狂风暴雨、急流险滩。当我们的种种努力被无情地击得粉碎的时候,我们常常会面对种种的不幸和打击而陷入极度的失望与痛苦之中。这时,失望就像一只罪恶的黑手,撕扯着我们,企图把我们拉向无底的深渊。在这"万劫不复"的时候,就需要希望来引路。因此,每天给自己一个希望,就成了我们心中的温暖而灿烂的太阳。

**每天给自己一个希望,就是给自己一个目标,给自己一点信心。**希望是什么?是引爆生命潜能的导火索,是激发生命激情的催化剂。

在这个世界上,有许多事情是我们难以预料的。我们不能控制机遇,却可以掌握自己;我们无法预知未来,却可以把握现在;我们无法计量自己生命的长度,我们却可以安排当下的行程;我们左右不了变化无常的天气,却可以调整自己的心情,只要活着,就有希望。

有位医生以医术高明享誉医学界,事业蒸蒸日上,但不幸的是他患了癌症。这对他不啻是晴天霹雳,他一度情绪低落,但最终还是接受了这个事实;而且他的心态也随之一变,变得更宽容、更谦和、更懂得珍惜所拥有的一切。在勤奋工作之余,他从没有放弃与病魔搏斗。就这样,他已平安度过了好几个年头。有人惊讶于他的事迹,就问是什么神奇的力量在支撑着他。这位医生笑吟吟地答道:"是希望。几乎每天早晨,我都给自己一个希望,希望我能多救治一个病人,希望我的笑容能温暖每一个人。"这位医生不但医术高明,做人的境界也很高。

每天给自己一个希望,我们将活得生机勃勃,激昂澎湃。生命是有限的,但希望是无限的。每天活在希望中,我们的人生定将五彩斑斓、韵味无穷。

一次,世界歌王帕瓦罗蒂来到了北京,顺便去了趟北京音乐学院。机会难得,当时许多有背景的人都想让这位歌王听一听自己子女的歌唱,帕瓦罗蒂耐着性子不置可否。这时窗下有一男生引吭高歌,唱的正是《今夜无人入睡》。

听到窗外的歌声,帕瓦罗蒂说:"这个学生的声音像我。"接着他说:"这个学生叫什么名字,我要见他! 并收他做我的学生!"那个歌者就是从陕北山区来的学生黑海涛。他知道自己没有面见帕瓦罗蒂的背景,于是他要凭借歌声推荐自己。

后来,帕瓦罗蒂亲自张罗黑海涛出国深造事宜,但终因某些原因未拿到签证。1990 年,意大利举行世界声乐大赛,正在奥地利学习的黑海涛写信给帕瓦罗蒂。于是帕氏亲自给意大利总统写信,终于使黑海涛成行,并在那次大赛中得了奖。如今,黑海涛是奥地利皇家歌剧院的首席歌唱家。

如果没有那一嗓子《今夜无人入睡》,此刻黑海涛大约会在一个中学当音乐老师。正是他大胆地唱出了自己的声音,一鸣惊人,才打开了成功之门。

不久前,我所熟识的小陈,原在一家国有企业干文秘,被破格调进了县纪检委宣教室,许多人感到很意外。县纪检委需要一个写手,这个空缺多少人梦寐以求,找熟人,托关系,但最终偏偏是他“乘虚而入”,凭甚?

小陈中文大专毕业,进单位后通过自考几年后拿到了法律本科文凭。他写得一手好文章,几年来作品剪贴了厚厚几大本。去年他的一篇《中国非廉文化点击》洋洋万余言的聚焦文章被某省纪检刊物全文发表,还获得了一等奖。这次,他带上了自己的作品剪辑本和获奖证书,来到了县纪检委毛遂自荐,纪检书记看了连连叫好,立即拍板调人。显然,才华加勇气,这便是小陈的“敲门砖”。

不同凡响的一声长啸,决定了一个千里马的命运。不要喟叹世态炎凉,不要抱怨命运不公,只有亮出不甘平庸的本色,才能踏上辉煌的人生舞台。

**在人生的舞台上,我们可以根据自身的特点,审时度势,调整转换角色,闪亮登场,演绎出精彩动人的话剧。**

英国的法布尔经过多年潜心研究,把古波斯和印度做染料用的茜草色素的主要成分—茜素,从植物中纯化提出,直接印到布料上。这种方法比旧的印染法要艺术,也迅速得多。经过不断努力,成效显著,他和印染厂的工人们都盼望着正式投产的那一天。

谁知,由于 1886 年德国两家工厂合制成功人工茜素,使生产天然茜素的工厂倒闭了,法布尔的希望完全落空。面对挫折,法布尔怎么应对?“万事休想使我的希望破灭,今后怎么办?不犹豫,要努力,我要让茜草大桶拒绝我的东西从墨水瓶里取出来。"这是法布尔的回答。

在那次沉重打击后，法布尔开始着手科普知识的推广。1879年，法布尔的《昆虫记》一书出版了。最后一卷是1910年他87岁时发行的，距他去世时仅5年时间。

人生如同一场排球赛，网前近攻不下，可以改用中吊，寻求第二落点，同样可以获得成功。

凯斯顿是美国纽约20世纪福克斯公司的电影制片人，制作过20年的影片，他认为这是他唯一能干的事情。可是突然有一天，他丢掉了这个饭碗，沮丧极了，不知怎么办。有一天，他正心灰意冷地在街上闲逛，迎面碰到过去的同事。同事说："你担心什么——你的本事高得很。""我有什么本事？"凯斯顿沮丧地说。

"你是一个了不起的推销员。多年来，你不是一直把写电影的构想推销给总公司的人吗？天晓得，如果你能推销给这些老奸巨猾的人，你就能把任何东西推销给任何人。此外，"同事说，"你还是一个写宣传企划的高手——你一定发现自己对影片能写出最好的宣传企划，所以你干这一行没问题。"然后，同事又不经意地撇下最后几句话："不用说你最擅长的是把一大堆人凑在一起工作——这本是制片人的职责。所以，你开一个自己的演员经纪公司，可以大赚一笔，依我看，你能选择的出路多得很。"

心灵悄悄话
XIN LING QIAO QIAO HUA

不同凡响的一声长啸，决定了一个千里马的命运。不要喟叹世态炎凉，不要抱怨命运不公，只有亮出不甘平庸的本色，才能踏上辉煌的人生舞台。

# 想象的翅膀

　　科学需要激情，需要想象。如果科学是一只不死的青鸟，那么想象便是它一双矫健的翅膀，托举它向着成功与理想飞翔。

　　1883 年，俄国乌克兰自然科学家梅契尼科夫教授，在西西里岛建起了一个业余实验室。尽管他对微生物捕猎还一窍不通，但兴趣广泛的他已开始研究海星和海绵消化食物的方法，并发现这些动物体内有一种奇特的细胞，可以自由行走，他称之为游走细胞。一天，梅契尼科夫把一些洋红色的细粒放进了一只海星幼体内。海星幼体透明得如同一扇明净的玻璃，通过透镜能清楚地看到，在海星滑腻的体内，爬着、流动着的游走细胞，趋向洋红色的细粒一并把它们吃掉了！

　　在海星幼体内的这些游走细胞，它们能吞下洋红色的细粒，也一定能吃掉微生物！这种游走细胞，就是保护海星免受生物侵犯的东西！我们的游走细胞，我们血液中的白细胞，保护我们不受病菌侵犯的一定是它们！这样疯狂地胡思乱想，他跑到别墅后面的园子里，在圣诞树的小灌木上，拔下了一些玫瑰刺，回到实验室，把这些刺戳进一个清澄如水的小海星体内。第二天清晨，在海星体内，围绕着玫瑰刺周围的，是一堆懒洋洋爬着的海星的游走细胞。这时，他已肯定了自己对疾病的所有免疫的解释。不久，他到维也纳，宣告了他的理论。在同行们的建议下，他称这种细胞为"吞噬细胞"。这样，梅契尼科夫便从一个门外汉成了免疫学的鼻祖，并于 1908 年获得了诺贝尔奖。

　　在非洲岛国毛里求斯有两种特有的生物——渡渡鸟和大颅榄树。但在 16—17 世纪的时候，由于欧洲人的入侵和捕杀，使得渡渡鸟被捕杀绝，而大颅榄树也开始逐渐减少。到了 20 世纪 50 年代,只剩下 13 棵。

1981 年,美国生态学家坦普尔来到毛里求斯研究这种树木。他测定大颅榄树的年轮时发现,它的树龄是 300 年,而这一年,正是渡渡鸟灭绝 300 周年。这就是说,渡渡鸟灭绝之时,也就是大颅榄树绝育之日。这个发现引起了坦普尔的兴趣,他找到了一只渡渡鸟的骨骸,伴有几颗大颅榄树的果实,这说明了渡渡鸟喜欢吃这种树的果实。

一个新的想法浮上了坦普尔的脑海,他认为渡渡鸟与种子发芽有莫大的关系,可惜渡渡鸟已经在世界上灭绝了。但他转而想到,像渡渡鸟那样不会飞的大鸟还有一种仍然没有灭绝,吐绶鸡就是其中一种。于是,他让吐绶鸡吃下大颅榄树的果实。几天后,被消化了外边一层硬壳的种子排出体外,坦普尔将种子小心翼翼地种在苗圃里。不久之后,种子长出了绿油油的嫩芽,这种濒临灭绝的宝贵的树木终于绝处逢生了。

正是胸怀彩色的理想,使得谭盾执着痴迷,锲而不舍,终于拥有了自己的舞台,演奏出人生辉煌的乐章。

他生长在湖南农村,是一个特别喜欢拉小提琴的男孩。他没有机会上学,除了帮助大人干些零碎的农活以外,就是不停地学拉琴。

终于,一天他怀着梦想来到北京参加艺术考试。他拉了自己常拉的一首曲子。老师发现这个孩子独特的音乐天赋,就破格收下了他。而此时他还是大字不识一个的文盲。

后来,他的技艺有了长进,他冒险去美国留学。家里没有能力支持他,刚到美国,他就到街头拉小提琴卖艺赚钱来支付上学的费用。非常幸运,他在纽约的格林尼治大街一家商业银行的门口卖艺,这是最能赚钱的好地盘。当时,和他一起拉琴的还有一位黑人琴手。

过了一段时间,他赚到了不少卖艺的钱后,就和那位黑人琴手道别。因为他想进入大学进修,更想和琴艺高超的同学相互切磋。于是,在大学中,他将全部的时间和精力投入到了提高音乐素养和琴艺中……

多年后,有一次他路过那家商业银行,发现昔日的老友——那位黑人琴手,仍在那个最赚钱的地盘上拉琴。

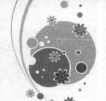
当那个黑人琴手看见他出现的时候,很高兴地问道:"兄弟啊,你现在在哪里拉琴啊?"

他回答说他在林肯中心音乐厅拉琴时,那个黑人琴手笑着问他:"那家音乐厅的门前也是个好地盘,也很赚钱吗?"

他就是音乐大家谭盾。黑人琴手哪里知道,那时的谭盾,已经是一位国际知名的音乐家,他经常在著名的音乐厅中登台献艺,而不是在门口拉琴卖艺。

更为让人惊叹的是在第72届奥斯卡金像奖评选中,李安执导的影片《卧虎藏龙》的乐曲被评为最佳原创音乐配乐奖,而这正是谭盾的杰作。这是迄今为止,首位华人作曲家获此殊荣。

## 心灵悄悄话
### XIN LING QIAO QIAO HUA

谭盾说:"让眼睛看到声音,让耳朵听到色彩,这是我一生的追求。"正是胸怀彩色的理想,使得谭盾执着痴迷,锲而不舍,终于拥有了自己的舞台,演奏出入生辉煌的乐章。